設計技術シリーズ

# ロボットプログラミングROS2の実装・実践
## ―実用ロボットの開発―

［著］

日本大学
内木場 文男

科学情報出版株式会社

# はしがき

　この本を手に取られた皆さんは、ジャズをお聞きになるでしょうか。著者は、あまり詳しい方ではないのですが、youtube 動画で楽しんでいます。とくに、ジャムセッションが好きで、各プレイヤーが臨機応変に演奏を披露する姿に感動をします。あるときはソロ、またあるときは、プレイヤーが前のプレイヤーに重ね、場合によっては、すべてのプレイヤーが息を合わせて演奏をします。ジャムセッションには面白いことに、指揮者、マスターなどいません。各プレイヤーが自分の判断に基づいて演奏をします。もちろん周りの演奏者とは全く独立ということではなく、全体として調和がとれ、素晴らしいハーモニーと一体感を醸し出します。

　ジャムセッションでは、プレイヤーが自由に演奏をしているように見えますが、暗黙のルールが存在します。ルールというよりもマナーに近いのかもしれません。演奏する曲、イントロの始め方、メロディーラインの担当、ソロの順番、曲の終わらせ方などでしょうか。意外とルールがあるものだと思いますが、それでも、クラシックの交響曲などは、指揮者を中心に事前に綿密にルールを決め、練習を重ね、本番に臨みます。クラシックに比べれば、ずいぶんと自由に思えます。

　本書で扱う ROS2 は、ジャムセッションと本当によく似ていると思います。ROS2 はロボットを動かすシステムです。ROS2 ではノードを作り、ロボットを動かすための細分化した役割を任せます。それぞれのノードはお互いに通信をとって、タイミングよく動作します。ノードへの通信、ノードからの通信、ノードの動作も、それらの処理は、各々が独立した並列処理によって行われます。ROS2 はこのようにすべてのノードを独立に有意差なく運用するシステムと理解していただければいいかと思います。

　実は、ROS2 の前のシステムの ROS では、すべてのノードが平等というわけにはいかず、ROS master というものが存在して、そのほかのノードを運用していました。ROS2 になって、マスターはなくなりました。よりジャムセッションに近くなりました。ジャムセッションでは暗黙のルールで、円滑で調和のとれた演奏ができますが、ROS2 では暗黙のルールではなく、きちんと決められたルールが定められています。窮屈に思うかもしれませんがルールを守るといろいろなことができ、それにちょっとしたアレンジを加えていくと、ジャムセッションのようにいろいろなバリエーションと一体感を両立するロボットが出来上がります。

　この本では、これ以上ジャムセッションのことは書きません。ROS2 について説明をしていきます。本書が皆様のお役に立つことを希望します。

　この本の著作に当たっては、著者が代表を務める日本大学ロボティクスソサエティ（NUROS）の支援を受けました。とくに、齊藤健先生、金子美泉先生、粟飯原萌先生には、専門的なことのほかにも様々な支援をいただきました。第9章と第10章のRaspberry Piを使った簡単なロボットシステムでは、プログラムコードとロボットの動作確認を大学院博士後期課程学生の武田健嗣君にお願いしました。以上の方々をはじめとして、この本にかかわっていただいた方々に感謝を申し上げます。

　この本に掲載したプログラムは、筆者が動作をすることを確認していますが、動作を保証するものではありません。プログラムの使用によって発生する不具合、不利益等の責任は負いかねます。また本書が引用したプログラムは、著作権の範囲が及ぶものがあります。ライセンスの確認をお願いします。

# 目　　　次

# 第6章　ROS2を拡張するツール

# 第7章　ROS2で使うハードウェア

# 第8章　マイクロコントローラ

# 第9章　Raspberry PiへのROS2の実装

# 第10章　Raspberry Pi制御 ROS2ロボット

# 第11章　おわりに

# 第1章

## はじめに

空想の世界です。30 年後の未来を想像してみましょう。

　窓の外、道路には今と変わらず自動車が走っています。自動車は全体に丸みを帯び、サイズが少し小さいようです。流行かもしれません。自動車のほかにパーソナルモビリティも見えます。信号はやはりありますが、信号を待つ列はほとんどなく、滞ることなく流れています。自動車はいつでもデータのやり取りをしているようです。よく見ると自動車の中に、運転をする人はなく、中で何かの作業をしているようにも見えます。空を見ると、ドローンが飛んでいます。一台が家の荷物受けに何かを運んできました。注文した日用品です。

　家のなかでは、パートナーロボットが働いています。今日の予定と買い物の確認を求めてきます。お腹が減ったので何かを作ろうと思い、ロボットにメニューを聞きました。ロボットは冷蔵庫と通信をして、どんな材料があるかを確認します。ロボットは、好みに合わせてメニューを提案してきます。「焼きそばのナポリタンとトマトのオリーブオイル漬けはいかがでしょう」　好みを考えてのことですが、栄養の管理も同時にします。

　オフィスでは、人とロボットがペアになって仕事をしています。人事、経理、総務部門はありません。ロボットが人をサポートしてルーチンワークをします。病院の待合室は小さく、ずいぶんとすいています。各家庭のロボットが家族の健康をモニタして、必要なときに在宅で診察を受けます。診療には遠隔診療システムを使います。医療の話題は、ロボットが体内を循環し、健康をモニタするシステムの実用がもう少しだということです。公共サービスに多い事務部門はロボットがこなします。戸籍の取り扱い、許認可、書類の管理は AI ロボットに任されています。道路、上下水道の維持管理は専用のロボットがします。

　農家の高齢化が進んでいることに変わりありませんが、省力化が進みました。ロボットとドローンが早い時期に導入されたのが農業分野です。上空から農場を撮影して作物の生育を観察しながら、AI と連携して、病害虫の発生、雑草の繁殖を見張ります。ネットワークでつないで、実際に現場に行かないスマート農業も浸透しました。人がしていた作業はほとんど農業ロボットがするようになりました。農業に限らず、作業環境の厳しい場所では、スマート化が進みました。養殖業、土木建築、工場の現場にはほとんど人がいません。

　バーチャルリアリティーが娯楽の中心になりました。でも、リアルの世界での娯楽も衰えることはありません。プロスポーツは相変わらず人気です。AI が言語の壁を壊したこともあり、海外旅行はますます盛んです。人々は宇宙旅行に興味を示しています。宇宙エレベータに乗って宇宙に行ってみるということが話題になっています。

　あくまでも空想の世界ですが、ロボットと AI が一体になりながら未来の社会を支えている様子がうかがえます。次世代のロボットは、AI と連携してますます高度なものになっていくでしょう。

　現実の世界です。

　はじめのころは、ロボットはロボットアームのような産業用のものでした。今では、生活を助けるサービスロボットが身の回りに置かれるようになりました。研究段階、実用化準備段階のロボットは数えきれないほどあります。

　ロボットを動かすシステムに注目しましょう。はじめのころのシステムはロボットごとにばらばらでした。新しいロボットごとに専用のシステムを開発する必要があり、大きな労力と費用をかける必要がありました。

　この本で扱う ROS（Robot Operating System）が登場してから、ROS は、いつの間にかロボットシステムの共通プラットホームになりました。ROS を使うことによって、すべてを一から作り出すのではなく、共通プラットホームの上に、そのロボットに合わせたシステムをつくるようにできます。現在では、ROS はロボット全体の開発を引っ張るようになりました。

　ROS というロボットシステムの共通のプラットホームができて、ROS を採用するロボットシステムが増えてきています。ROS を使えばユーザはロボットが変わっても同じような感覚で操作ができます。ロボットを開発する側では、サーボ、センサなどの小規模なデバイスから、画像処理、経路探索など大規模なシステムまで ROS 用のプラグインを作ってしまえば、違う種類のロボットでも使うことができます。

　ROS の対象は研究用のロボットシステムでした。ROS を使うロボットが研究分野にとどまらなくなり、ROS2 が登場しました。ROS2 はロボットの実用化、商用利用も含めたシステムです。この本の執筆時点では、まだ、ROS が主流です。ですが、近い将来、ロボットの浸透とともに ROS2 が ROS に置き換わっていくでしょう。

　ROS をマスターしてから、ROS2 に進むのがいいのかもしれませんが、かならずしもその必要はないと思います。ROS の習得を経ずに、すぐ ROS2 をマスターしたいという要望も多いと思います。この本は ROS2 を利用することができるようになるためのものです。執筆に際して、ROS の経験、知識がない場合でも、この本を読むことによってひととおり ROS2 を理解して使うことができるように配慮しました。この本の対象読者は、ROS2 を使ってロボットシステムを作ろう、あるいは、ROS2 を使ったロボットシステムを使いこなそうとする人になります。

　基本となるプログラムを学習した後に、Raspberry Pi を使って実際にセンサを読み取り、サーボを動かすロボットシステムを作ります。また、専用のカメラから画像を取り込みます。そのままではロボットとして未完成かもしれませんが、読者の皆さんが実際に作ることを想定しました。ROS2 がどういうものなのかということを実感できると思います。

本の構成についてです。第2章の「ロボットを取り巻く環境とROS2」ではROS2とは何なのかということを、第3章の「ROS2の基礎」では、ROS2はどう使えばいいのかを、第4章の「ROS2のプログラミング」では、ROS2をどう使いこなすのかを、第5章の「ROS2を支えるシステム」では、ROS2がどのような仕組みで動作するのかを、第6章の「ROS2を拡張するツール」では、ROS2をもっと有効に使いこなす方法を、第7章の「ROS2で使うハードウェア」では、ROS2が動かすものにはどういうものがあるのかを、第8章の「マイクロコントローラ」では、ROS2がコントローラと連携するにはどうすればいいかをそれぞれ説明します。そして、第9章の「Raspberry PiへのROS2の実装」と第10章の「Raspberry Pi制御ROS2ロボット」では実際にROS2で動作する簡単なロボットシステムを作ります。ROS2の基本からプログラム作成、ロボット製作をとおしてROS2の習得を促します。

　この本では、ROS2のプログラミング言語にPythonを主に用います。AIで使われる多くのプログラム言語はPythonです。また、Pythonは、オブジェクト指向言語です。ROS2との相性がよく、プログラムの構成を理解しやすいプログラム言語です。

# 第2章

ロボットを取り巻く
環境とROS2

4月、研究室に学生が新しく配属されて、研究テーマが決まり、一人ひとりにテーマを説明することになりました。

山　「先生、山科です。よろしくお願いします」
内　「内木場です。よろしくお願いします」
　　「山科さんには、ロボットに AI を積んで、画像認識をするテーマを進めてもらうのでしたね」
山　「先生、はい、そうです。楽しみにしているんですが、あまり、まだわからなくて、不安があります」
内　「わからないのは当たり前です。一つ一つ進めていきましょう。ちょうど博士コースの学生もいるので、いろいろと教えてくれるでしょう」
　　「山科さんには、最初に ROS2 を勉強してもらって、ひととおり使えるようになったら、ロボットに ROS2 を実装してもらいたいと思います。ここまでをまず仕上げましょう。AI からは少し離れますが、ROS2 をきっちり勉強しましょう」
山　「ROS とか ROS2 について、少し調べてきました。ロボットを動かすためのシステムだと思うのですが、漠然としています」
内　「そのとおり。ROS も ROS2 もロボットを動かすためのシステムです。ROS が出るまでは、ロボットごとにばらばらのシステムが使われていました」
山　「なんとなくわかります。最初からシステムを作っていたのですか」
内　「そうです。大変そうなことがわかりますよね。なので ROS がつくられました」
　　「ROS はもともと、ある一つのロボットのシステムとして開発されたものです。でも、他のロボットで使える工夫がされていました。ロボットが使う様々な機能が盛り込まれていて、いろいろなロボットで共通して使えるプラットホームになるようまとめられていました」
山　「プラットホームって基盤のことですか」
内　「不思議な言葉ですね。この分野では便利に使う言葉です。プラットホームの上に必要に合わせて何かを足して働かせるそんなイメージです」
山　「ROS はもともと研究用だったものが、今では、ロボットシステムの主流の OS になっているようですが」
内　「正確に言うと OS ではなく、ミドルウェアということになります。OS の上に ROS が載っているイメージです」
　　「それから、ROS が増えたのは、ロボットシステムの中でも概念がすっきりしていて使いやすかったこともありますが、オープンソースソフトウェアだったこともあります」
山　「ROS はいろいろな意味で使いやすかったのですね」
内　「はい、そのようですね。使い勝手が良すぎたからか、ROS の開発者が考えていなかったような使われ方もしました」
山　「それは大変ですね」
内　「そんなことがあって、ROS も改良を重ねてきました。それから、いっそのこと根本的

　　　　に作り直して新しいものに切り替えたらどうかということになりました」
　山　「先生、わかりました。それがROS2でしょう」
　内　「正解です。よくわかりましたね」
　　　「ROSもROS2もノードというものを作って、その間を通信で連絡をするということを
　　　　します。ROSではオリジナルの通信システムでしたが、ROS2では他で使って実績の
　　　　あるシステムに切り替えました。なので、基本的には互換性がないのです」
　山　「あまりよくわかりませんが、そういうものだと思います」
　内　「すいません。少し、先走りました。では、実際にもう少し詳しく、見ていきましょう」
　　　「最初にROSとROS2の登場の背景となるロボットを取り巻く環境と発展の様子を説明
　　　　します。つぎにROSとROS2の基本的なコンセプトについてお話します。ROSと
　　　　ROS2の違いも勉強しましょう」

## 2-1　ロボットを取り巻く環境と発展

　ロボットと言って思い浮かべるのは何でしょう。世代にもよると思いますが、アニメや映画
のロボットの場合もあるでしょう。また、産業用のアームロボット、二足歩行ロボットasimo
の印象が強い場合もあると思います。実はロボットと言えるものは、普通に考える物よりもず
いぶん広い範囲を指します。ロボットのひとつの定義は、経済産業省産業構造審議会新成長部
会のロボット政策研究会が2006年5月に発行した報告書、「ロボット政策研究会報告書～RT
革命が日本を飛躍させる～」に記載されています。

　それによると、『「センサー、知能・制御系、駆動系の3つの要素技術を有する、知能化した
機械システム」として、広く定義することとする。』とあります。ロボットの外観、用途、産
業分野、実用化の度合いについては触れられていません。我々がイメージするロボットと違っ
ていても、いろいろな機械システムがロボットに含まれることになります。

　定義の中に入るロボットを見渡してみると本当に様々なものがあります。産業用ロボットは、
主に工場で稼働し人間と隔離された環境で稼働します。定型作業を効率よくこなすことが目的
ですが、操作にはある程度の熟練が必要です。製造業にはすでに広く普及しています。溶接シ
ステム、塗装システム、研磨バリ取りシステム、入出荷システム、作業支援、組み立てシステム
などがあります。非製造業分野では、農林業用ロボット、畜産ロボットがあります。

　一方、産業用ロボットとは別にサービスロボットが新しく登場してきました。主に家庭や公
共施設の中で、人間と空間を共有して働きます。自然なコミュニケーションで状況の変化に柔
軟に対応することが求められます。また、物体や人をセンサで認識して安全に配慮した丁寧な
動作をすることが特徴です。

　生活に密着したサービスロボットには、警備ロボット、掃除ロボット、コミュニケーション
ロボット、エンターテーメントロボット、多目的ロボットなどがあります。医療・福祉分野で

は、手術支援ロボット、介護ロボットなどがあります。また、災害対策ロボット、探査ロボット、海洋ロボット、原子力ロボット、宇宙ロボット、建設ロボットなど、どんどん、サービスロボットが増えています。そして、今注目を浴びている自動運転車、パーソナルモビリティ、ドローンもロボットに入れることができるでしょう。

ここに挙げたロボットは、産業用ロボットのように一部は古くからありましたが、サービスロボットは2000年ぐらいから急速に発展したものがほとんどです。はじめのころは、それぞれのロボットシステムでは、それぞれの考えに基づいて作った独特のシステムが搭載されていました。ロボットの多様化と独自の高度化は全体としては喜ばしいことです。ですが、システムが違えば互換性がありません。これは、ユーザに不便を強いることになります。また、ロボットの開発には非常に効率の悪いことになります。例えば、同じハードウェアを使う場合でも、システムが違えば、新たなドライバ、インターフェースを開発しなければなりません。もしも、システムが同じならば同じものを使うことができます。

## 2－2　ROS の登場と ROS2

多様化して進展するロボットシステムの中で、この本で取り上げる ROS が登場しました。ロボットの種類を問わず、ロボットシステム開発のための共通ライブラリとツールを提供します。ROS を使えば、ロボットに共通する部分は ROS にまかせて、ロボット独自の部分に開発を集中することができます。現時点で、数多くの研究システムと一部の商用システムに搭載されています。ROS の登場によって現在のように多くのロボットが登場したという面もあります。

ROS の取り組みは 2007 年 11 月に始まりました。もともとは、ウィローガレージ PR2 ロボットの開発環境を提供するものでした。それでも、最初から、ユーザが ROS を使用して、いろいろなロボットでそれぞれの研究開発の役に立つようにと、他のロボットでも使用できるようにする配慮がなされました。ROS のソフトウェアの多くを他のシステムで再利用できるよう、インターフェースを介在させ機器の差を吸収する工夫がされています。

ROS では、例えば、モータ、サーボなどの動力系、速度計、ジャイロ、距離計などの観測系、キーボード、ジョイスティックなどの制御系、また、PC などのシステム、それぞれに、ノードを割り当て、ノード間で同時並列に通信することによってロボットをコントロールしようとします。ROS はノードの割り当てと通信システムを提供します。ロボットが満足に動くためには、ロボットの機能を分析して、機能ごとに詳細にノードを割り当てていきます。

別の見方で ROS の特徴をあげてみると次のようになります。
・単一のロボットを対象としている。
・ワークステーションクラスの計算能力を利用する。
・かならずしもリアルタイムの要件を満たさない。
・高速ネットワークの接続を必要とする。

・研究、主に学術用途での利用を想定する。
・最大限の柔軟性を残す。

　ROS はバージョンのことをディストリビューションと言います。ROS の特徴を活かしつつ、ディストリビューションを重ねた結果、驚くほど多種多様なロボットで役立つようになりました。現在、ROS は車輪付きロボット、脚付きヒューマノイド、産業用アーム、屋外地上車両（自動運転車を含む）などで利用されています。もともと ROS は学術コミュニティでの使用を想定しましたが、学術コミュニティの枠を越えて採用が進みました。製造ロボット、農業用ロボットなど、ROS を搭載した製品が市場に登場しています。掃除ロボットはずいぶん普及しました。

　ROS が多方面に普及した結果、ROS のプラットホームが想定外の使われ方で拡張されています。ROS プロジェクトの開始時に想定していなかった使われ方に次のようなものがあります。

・複数のロボット
・小さな組み込みプラットフォームへの適用
・リアルタイムシステムの導入
・低品質なネットワークへの適用
・実稼働環境
・ライフサイクル管理の導入

　以上のことは非常に大切なことです。これらのことを ROS のディストリビューションの改訂で取り込むのは、非常に無理があります。そこで ROS をシステムから変更し、これらに対応するものとして ROS2 が登場しました。ユーザにとって使い勝手は ROS と似ていますが基本的に互換性がありません。今後、ROS2 がロボットシステムの主流になることが見込まれます。

　以降、ROS を ROS1 と呼び ROS2 と区別をします。ROS1 は Ubuntu での使用に限りサポートされています。ROS2 は現在、Ubuntu のほか Mac（Xenial　OS X El Capitan）、および Windows 10 での使用がサポートされています。ROS1 は C ++ 03 を対象としています。ROS2 は C ++ 11 の機能を使うことができます。Python を使う場合、ROS1 は Python2 を対象としています。ROS2 は Python バージョン 3.5 を使います。

　ROS1 と ROS2 では、通信システムが大きく変わっています。ROS1 では、通信をするときに、データのシリアル化とトランスポートプロトコルに独自の方法を使います。また、ROS master が常駐してノードを検出します。ROS2 では、既存の通信システムをインターフェースを介して使います。そのため、ROS2 の通信の特徴は、使う通信システムの機能に依存します。これにより、ROS2 では、ROS master が常駐してノードを検出するようなことはなく、どのノードも相互に検出することができます。また、リアルタイム優先の通信からデータ品質優先の通信まで、

さまざまなデータの特徴とネットワークの状況に合わせた通信を提供できるようになります。

## ２－３　ROS2とディストリビューション

　ROS2 のディストリビューションは、およそ 6 か月に一回という早い間隔でリリースされています。現在は Foxy Fitzroy になります。2015 年にリリースされた α 版、2016 年、2017 年にかけてリリースされた β 版の後は、ディストリビューションに名前が付けられています。名前は ROS1 の時と同じように英語の二単語が付けられています。最初の単語がアルファベット順になっているのも ROS1 と同じです。

　ROS2 の履歴を公式ホームページから抜粋をしました。大抵のディストリビューションは、リリースから 1 年間の保守期間を設けています。ですが、Dashing Diademata は 2 年間、Foxy Fitzroy では 3 年間になっています。この二つのディストリビューションは、安定した保守が見込まれます。

　ディストリビューションはこのほかに、ローリングディストリビューションがあります。ローリングディストリビューションは、継続的更新をするためのものです。各ディストリビューションは、ローリングディストリビューションの累積にあたります。ROS2 の将来の安定したディストリビューションの準備として、また最新の開発リリースの集積としての役割があります。

　ROS2 は繰り返しディストリビューションのリリースがあります。新しいディストリビューションに移行するためにはユーザは前のディストリビューション用に作ったプログラムコードを変更しなければなりません。ROS2 はロボットを取り巻く状況の進展に合わせて、どんどん変化をしていきます。ROS2 を使ってロボットシステムを開発するとき、どのディストリビューションにするかはよく考えたいところです。

〔表 2-1〕ROS2 のディストリビューション

| ディストリビューション | リリース日 | 保守終了時期 |
|---|---|---|
| Foxy Fitzroy | 2020 年 6 月 5 日 | 2023 年 5 月 |
| Eloquent Elusor | 2019 年 11 月 22 日 | 2020 年 11 月 |
| Dashing Diademata | 2019 年 5 月 31 日 | 2021 年 5 月 |
| Crystal Clemmys | 2018 年 12 月 14 日 | 2019 年 12 月 |
| Bouncy Bolson | 2018 年 7 月 2 日 | 2019 年 7 月 |
| Ardent Apalone | 2017 年 12 月 8 日 | 2018 年 12 月 |
| beta3 | 2017 年 9 月 13 日 | 2017 年 12 月 |
| beta2 | 2017 年 7 月 5 日 | 2017 年 9 月 |
| beta1 | 2016 年 12 月 19 日 | 2017 年 7 月 |
| alpha1 - alpha8 | 2015 年 8 月 31 日 | 2016 年 12 月 |

# 第3章

ROS2の基礎

研究室に山科が入り、指導教員の内木場に近づいてきました。

山　「先生、よろしくお願いします」
内　「こんにちは、始めていいですか」
山　「先生その前に、いつか時間をとって進路の相談をしたいのです…ピンと来なくて、少し悩んでいます」
内　「そうですか、では、時間を決めてお話をしましょう」
　　「進路の話はその時にするとして、始めましょうか。きょうは博士コースの島田君にアシスタントをお願いしました。PC のところに行きましょう」

二人は島田が待っている PC のところに移動しました。

山　「島田さん、よろしくお願いします」
内　「山科さんが PC を実際に操作して、島田君が補助をする格好で行きましょう」
　　「ここでは、ROS2 の使い方について勉強します。ROS2 はどう使えばいいのかということです」
　　「ROS2 をインストールして、サンプルプログラムを動作させて、ROS2 の機能を理解していきたいと思います」
山　「はいわかりました」
内　「島田君にお願いです。Linux PC と Ubuntu OS について簡単に山科さんにレクチャーしてもらえますか」
島　「はいわかりました。Linux　PC は windows PC と違って GUI ではなく、CUI ベースの…。操作は cd で…、ls で…」
山　「島田さんありがとうございました。ひととおり理解できました。」
内　「あとは実際にやりながらでいいでしょう。Ubuntu のバージョンは 20.04 LTS、ここに ROS2 の Foxy Fitzroy というディストリビューションをインストールしましょう」
山　「狐の可愛いロゴですね。これをインストールですね。PC の操作、緊張します」
内　「ディレクトリとかなれない部分もありますが、大丈夫ですよ。島田君もフォローするし」
　　「ROS もそうですが ROS2 では、ロボットの機能ごとに、それぞれノードを割り当てて、ノード間で通信することによってロボットをコントロールします」
　　「ノードには、モータ、サーボなどの動力系、速度計、ジャイロ、距離計などの観測系、キーボード、ジョイスティックなどの制御系、それから、PC などのシステムをあてますが、その中でもっと細分化して割り当てることもあります。通信の内容は、データだったり、命令だったりします」
山　「ざっくりわかりました。そういうことなのですね」
内　「インストールが終わったら、インストールした ROS2 をつかって、実際にノード間のやりとの代表的なトピック、サービス、アクションを使ってみます」
　　「それから、サンプルプログラムを実行して、ROS2 のコマンドを入力してみます。そ

うすると、どんなときにノードができて、ノードが出すメッセージの中身も調べることができます。調べていくうちに ROS2 で重要なトピック、サービス、アクションの仕組みがわかります」

山　「先生、頑張ってみます。島田さんよろしくお願いします」

## 3-1　ROS2 のインストール

　ROS2 のディストリビューション Foxy Fitzroy を Ubuntu 20.04 LTS がインストールされている PC にインストールします。手順を説明します。ROS2 インストールの公式 web ページ（https://index.ros.org）に移動します。インストールするのは Foxy Fitzroy なので、これを選択して、移動したページで Installation を押します。Binary packages の中から Linux（Ubuntu Focal（20.04））Debian packages を選択してページを移動します。このページの手順に従ってインストールをします。

　Ubuntu PC のターミナルを開いて準備をします。

　Locale の Setup に関しては、Ubuntu に特別なことをしていなければすでに UTF-8 になっているので何もしません。

　次のコマンドを入力して、キーを登録します。

```
$ sudo apt update && sudo apt install curl gnupg2 lsb-release
$ sudo curl -sSL https://raw.githubusercontent.com/ros/rosdistro/master/ros.key  -o /
usr/share/keyrings/ros-archive-keyring.gpg
```

　ソースリストにリポジトリを追加します。途中に $ が入り、まぎらわしいですが 1 行です。

```
$ echo "deb [arch=$(dpkg --print-architecture) signed-by=/usr/share/keyrings/ros-
archive-keyring.gpg] http://packages.ros.org/ros2/ubuntu $(lsb_release -cs) main" |
sudo tee /etc/apt/sources.list.d/ros2.list > /dev/null
```

　リポジトリの更新をします。

```
$ sudo apt update
```

```
ヒット:1 http://jp.archive.ubuntu.com/ubuntu focal InRelease
取得:2 http://jp.archive.ubuntu.com/ubuntu focal-updates InRelease [111 kB]
取得:3 http://jp.archive.ubuntu.com/ubuntu focal-backports InRelease [98.3 kB]
ヒット:4 http://archive.ubuntulinux.jp/ubuntu focal InRelease
ヒット:5 http://archive.ubuntulinux.jp/ubuntu-ja-non-free focal InRelease
取得:6 http://packages.ros.org/ros2/ubuntu focal InRelease [3,934 B]
取得:7 http://security.ubuntu.com/ubuntu focal-security InRelease [107 kB]
```

```
取得:8 http://packages.ros.org/ROS2/ubuntu focal/main amd64 Packages [376 kB]
697 kB を 11秒 で取得しました (65.8 kB/s)
パッケージリストを読み込んでいます ... 完了
依存関係ツリーを作成しています
状態情報を読み取っています ... 完了
アップグレードできるパッケージが 1 個あります。表示するには 'apt list --upgradable' を実行してください。
```

　この本では、ROS2 Foxy Fitzroy のデスクトップ版をインストールします。デスクトップ版にはデモサンプル、チュートリアル、そして RViz（第6章参照）も含まれています。

```
$ sudo apt install ros-foxy-desktop
```

　しばらくしたあとに次のメッセージが出るので Y を押します。

```
アップグレード: 0 個、新規インストール: 918 個、削除: 0 個、保留: 1 個。
436 MB のアーカイブを取得する必要があります。
この操作後に追加で 2,434 MB のディスク容量が消費されます。
続行しますか？ [Y/n]
```

　このあと時間がかかりますが、以上で ROS2 のインストールは終了します。

　ここで、colcon のインストールをします。colcon はソースファイルをビルドするツールですが、ROS2 のパッケージには含まれません。別途必要になります。

```
$ sudo apt install python3-colcon-common-extensions
```

　しばらくしたあとに次のメッセージが出るので Y を入力します。

```
この操作後に追加で 4,778 kB のディスク容量が消費されます。
続行しますか？ [Y/n]
```

　同じように 0% から 100% までのバーがカウントアップをします。こちらのほうは早めに終わります。

　ROS2 が正常にインストールできれば、デモプログラムを実行して確かめてみます。ターミナルを立ち上げ、ROS2 の環境設定を読込むため、

```
$ source /opt/ros/foxy/setup.bash
```

を入力します。このコマンドは、ターミナルを立ち上げるたびに入力します。その後、サンプ

ルプログラムを実行します。

```
$ ros2 run demo_nodes_py talker
```

すると、ターミナル上に定期的に Publishing: 'Hello World: と連番号のメッセージが流れます。

```
[INFO] [1600680928.101575914] [talker]: Publishing: 'Hello World: 1'
[INFO] [1600680929.101549357] [talker]: Publishing: 'Hello World: 2'
[INFO] [1600680930.101502980] [talker]: Publishing: 'Hello World: 3'
[INFO] [1600680931.101494579] [talker]: Publishing: 'Hello World: 4'
[INFO] [1600680932.101493184] [talker]: Publishing: 'Hello World: 5'
[INFO] [1600680933.101521810] [talker]: Publishing: 'Hello World: 6'
[INFO] [1600680934.101514767] [talker]: Publishing: 'Hello World: 7'
[INFO] [1600680935.101513898] [talker]: Publishing: 'Hello World: 8'
[INFO] [1600680936.101459888] [talker]: Publishing: 'Hello World: 9'
[INFO] [1600680937.101501750] [talker]: Publishing: 'Hello World: 10'
[INFO] [1600680938.101486634] [talker]: Publishing: 'Hello World: 11'
[INFO] [1600680939.101443895] [talker]: Publishing: 'Hello World: 12'
[INFO] [1600680940.101438808] [talker]: Publishing: 'Hello World: 13'
                              :
                              :
```

次に別のターミナルを開き、ROS2 の設定をして、今度は listener を実行します。

```
$ source /opt/ros/foxy/setup.bash
```

```
$ ros2 run demo_nodes_py listener
```

Hello world を受け取ったというメッセージが流れます。このとき talker と同期して listener の番号表示がされることがわかります。

```
[INFO] [1600680930.101754712] [listener]: I heard: [Hello World: 3]
[INFO] [1600680931.101778143] [listener]: I heard: [Hello World: 4]
[INFO] [1600680932.101882481] [listener]: I heard: [Hello World: 5]
[INFO] [1600680933.101902324] [listener]: I heard: [Hello World: 6]
[INFO] [1600680934.101848718] [listener]: I heard: [Hello World: 7]
[INFO] [1600680935.101916694] [listener]: I heard: [Hello World: 8]
[INFO] [1600680936.101817579] [listener]: I heard: [Hello World: 9]
[INFO] [1600680937.101855110] [listener]: I heard: [Hello World: 10]
[INFO] [1600680938.101860216] [listener]: I heard: [Hello World: 11]
[INFO] [1600680939.101783075] [listener]: I heard: [Hello World: 12]
[INFO] [1600680940.101792605] [listener]: I heard: [Hello World: 13]
                              :
                              :
```

Ctrl+C で両方のプログラムを終了します。

## 3－2　ROS2 の操作

　ROS2 の使い勝手を見ていきます。そのために、コマンドラインから ROS2 のコマンドを入力して ROS2 の機能を確かめていきます。さきほどデモプログラムを実行して、トピックを作りメッセージの書き込みをしました。プログラムから実行したわけですが、もっと簡単にサブコマンドをつかってトピックを作りメッセージを書き込むことができます。

　まず、ターミナルを開いて ROS2 の環境を読込みます。

```
$ source /opt/ros/foxy/setup.bash
```

　この一行がないと ROS2 のコマンドを使うことができません。新しいターミナルを開くたびに入力しますが、ターミナルを立ち上げる際に自動的に追加する方法もあります。便利なのですが、ある程度 ROS2 に習熟するまでは新しいターミナルを開くたびに入力することをお勧めします。

　トピックを作りメッセージを書きます。次のコマンドを入力します。

```
$ ros2 topic pub /chatter std_msgs/String "data: Hello world"
```

```
publisher: beginning loop
publishing #1: std_msgs.msg.String(data='Hello world')

publishing #2: std_msgs.msg.String(data='Hello world')

publishing #3: std_msgs.msg.String(data='Hello world')

publishing #4: std_msgs.msg.String(data='Hello world')
                             :
                             :
```

　chatter というトピックを作りそこに Hello world というメッセージを繰り返し書きます。別のターミナルを開いて、コマンドラインから chatter に何が書き込まれているのかを読みに行きます。

```
$ source /opt/ros/foxy/setup.bash
$ ros2 topic echo /chatter
```

```
data: Hello world
---
data: Hello world
---
```

```
data: Hello world
---
data: Hello world
                           :
                           :
```

　デモプログラムと同じような受け取りができました。トピックは掲示板のような役割をします。掲示板に publisher がメッセージを書き込み、subscriber が読みに行きます。ここでもう一つ、新しいターミナルを立ち上げて、次のコマンドを入力して、トピック chatter を調べてみます。

```
$ source /opt/ros/foxy/setup.bash
$ ros2 topic info /chatter
```

```
Type: std_msgs/msg/String
Publisher count: 1
Subscription count: 1
```

　トピック chatter のメッセージの型とメッセージを書き込む publisher の数、そして、これを読む subscriber の数が示されました。参考のため、もう一つ新しいターミナルを作り、読み込むと Subscription count の数が増えます。トピックでは、複数の subscriber がメッセージを取りに行くことができます。また、複数の publisher が同じトピックに書き込むことができます。

　ROS2 ではノードという概念があります。publish の送信元、subscribe の受信先をノードといいます。ノードは複数のトピックを publish することもできるし、subscribe をすることもできます。今の状態では、ノードはまだありません。次のコマンドを入力しても、ただ、改行されるだけです。

```
$ ros2 node list
```

　一度ここでターミナルに Ctrl+C を入れてトピックを終了して、すべてのターミナルを閉じます。新しく、ターミナルを3つ立ち上げ、すべてのターミナルで ROS2 の環境を読込みます。

```
$ source /opt/ros/foxy/setup.bash
```

　デモプログラムの talker と listener をそれぞれのターミナルで実行します。

```
$ ros2 run demo_nodes_py talker
$ ros2 run demo_nodes_py listener
```

前回と同じように、メッセージの書き込みと読み取りが始まります。このとき3つ目のターミナルを使って、ノードを調べてみます。

```
$ ros2 node list
```

```
/listener
/talker
```

現在、listener と talker というノードがあることが示されました。listener と talker について、それぞれノード情報を調べます。

```
$ ros2 node info /listener
```

```
/listener
  Subscribers:
    /chatter: std_msgs/msg/String
    /parameter_events: rcl_interfaces/msg/ParameterEvent
  Publishers:
    /parameter_events: rcl_interfaces/msg/ParameterEvent
    /rosout: rcl_interfaces/msg/Log
  Service Servers:
    /listener/describe_parameters: rcl_interfaces/srv/DescribeParameters
    /listener/get_parameter_types: rcl_interfaces/srv/GetParameterTypes
    /listener/get_parameters: rcl_interfaces/srv/GetParameters
    /listener/list_parameters: rcl_interfaces/srv/ListParameters
    /listener/set_parameters: rcl_interfaces/srv/SetParameters
    /listener/set_parameters_atomically: rcl_interfaces/srv/SetParametersAtomically
  Service Clients:

  Action Servers:

  Action Clients:
```

```
$ ros2 node info /talker
```

```
/talker
  Subscribers:
    /parameter_events: rcl_interfaces/msg/ParameterEvent
  Publishers:
    /chatter: std_msgs/msg/String
    /parameter_events: rcl_interfaces/msg/ParameterEvent
    /rosout: rcl_interfaces/msg/Log
  Service Servers:
    /talker/describe_parameters: rcl_interfaces/srv/DescribeParameters
    /talker/get_parameter_types: rcl_interfaces/srv/GetParameterTypes
    /talker/get_parameters: rcl_interfaces/srv/GetParameters
```

```
    /talker/list_parameters: rcl_interfaces/srv/ListParameters
    /talker/set_parameters: rcl_interfaces/srv/SetParameters
    /talker/set_parameters_atomically: rcl_interfaces/srv/SetParametersAtomically
  Service Clients:

  Action Servers:

  Action Clients:
```

　少し長いですが、それぞれ、トピック chatter の subscriber と publisher になっていて、String 型のメッセージのやり取りをしていることが示されています。デモプログラムでは、プログラムコードを使って、ノードの初期化とノードの名前が定義されます。そして、publisher、subscriber の名前、扱うトピックの名前と型も定義されます。そして、publisher のプログラムコードにはメッセージの内容を書き込みます。

　Ctrl+C を入れてプログラムを終了し、すべてのターミナルを閉じます。

　ROS2 にはサービスという機能があります。サービスにはサービスを提供するサーバとサービスを受けるクライアントがあります。クライアントがサーバにリクエストを出し、サーバはリクエストに応じた処理をして回答を返します。サービスのやり取りの間は、サーバを提供するノードとクライアントを提供するノードは一対一の関係になります。リクエストを受けたサーバはリクエスト元のクライアントに回答を返します。

　デモプログラムを使って、実行をしてみます。

　ターミナルを開いて次の 2 行を入力します。サーバは待機状態になります。

```
$ source /opt/ros/foxy/setup.bash
$ ros2 run demo_nodes_py add_two_ints_server
```

　新しい、ターミナルを開いて次の 2 行を入力し、クライアントを実行します。

```
$ source /opt/ros/foxy/setup.bash
$ ros2 run demo_nodes_py add_two_ints_client 2 3
```

　するとサーバ側のモニタには次のような表示が現れ、その後ふたたび待機状態になります。

```
[INFO] [1601958151.656503856] [add_two_ints_server]: Incoming request
a: 2 b: 3
```

また、クライアント側には、次の表示が現れ、処理を終了します。

```
[INFO] [1601958151.662932046] [add_two_ints_client]: Result of add_two_ints: 5
```

　クライアントは2つの整数をサーバに渡し、処理のリクエストをします。サーバはリクエストを受け処理をします。この場合は2つの数を受け取り、合計してその結果をクライアントに回答をします。サーバ側の表示は a = 2, b = 3 という2つの数を受けとったことを示しています。クライアント側はサーバから足し算の合計値の5を回答として受け取ったことを示しています。

　サーバが待機状態のまま、クライアント側のターミナルで次の一行を入力して、サーバ側のノードを調べてみます。

```
$ ros2 node info /add_two_ints_server
```

```
/add_two_ints_server
  Subscribers:

  Publishers:
    /parameter_events: rcl_interfaces/msg/ParameterEvent
    /rosout: rcl_interfaces/msg/Log
  Service Servers:
    /add_two_ints: example_interfaces/srv/AddTwoInts
    /add_two_ints_server/describe_parameters: rcl_interfaces/srv/DescribeParameters
    /add_two_ints_server/get_parameter_types: rcl_interfaces/srv/GetParameterTypes
    /add_two_ints_server/get_parameters: rcl_interfaces/srv/GetParameters
    /add_two_ints_server/list_parameters: rcl_interfaces/srv/ListParameters
    /add_two_ints_server/set_parameters: rcl_interfaces/srv/SetParameters
      /add_two_ints_server/set_parameters_atomically: rcl_interfaces/srv/
SetParametersAtomically
  Service Clients:

  Action Servers:

  Action Clients:
```

　ノード add_two_ints_server がいくつかのサービスを提供していることが表示されます。また、今どのようなサービスが待機しているかを調べてみます。ノードが提供するサービスの名前が列挙されます。

```
$ ros2 service list
```

```
/add_two_ints
/add_two_ints_server/describe_parameters
/add_two_ints_server/get_parameter_types
/add_two_ints_server/get_parameters
```

```
/add_two_ints_server/list_parameters
/add_two_ints_server/set_parameters
/add_two_ints_server/set_parameters_atomically
```

ターミナルに Ctrl+C を入れて、すべてのターミナルを閉じます。

　次にアクションについて説明をします。アクションは、クライアントからサーバにゴールを渡し、サーバはクライアントからのリクエストに応じて処理を始めます。サーバはゴールに至るまで途中経過をクライアントに知らせ、ゴールに到達した場合は結果をクライアントに返します。クライアントは結果を受け取り終了します。サーバは次のリクエストが来るまで待機状態になります。

　サンプルプログラムを使って、実行してみます。この例では、前の2つの数字を足し算するフィボナッチ数列を計算します。クライアントから何回足し算をするかというゴールを設定して、サーバにそのゴールを渡します。ここでは10回をゴールとしています。アクションサーバを立ち上げます。

```
$ source /opt/ros/foxy/setup.bash
$ ros2 run examples_rclpy_minimal_action_server server
```

　クライアントからのリクエストが入るまで待機をします。新たにターミナルを立ち上げて、こんどはクライアントを立ち上げます。

```
$ source /opt/ros/foxy/setup.bash
$ ros2 run examples_rclpy_minimal_action_client client
```

　クライアントはサーバがリクエストを受付けるのを待って、ゴールを渡します。すると、サーバはリクエストとゴールを受け取り、途中経過をクライアントに渡します。サーバはゴールに到達したことをその結果とともに伝えます。クライアント側のモニタにはそのやり取りが表示されます。

```
[INFO] [1602136408.503195948] [minimal_action_client]: Waiting for action server...
[INFO] [1602136408.503526751] [minimal_action_client]: Sending goal request...
[INFO] [1602136408.515929251] [minimal_action_client]: Goal accepted :)
[INFO] [1602136408.518406023] [minimal_action_client]: Received feedback: array('i',
[0, 1, 1])
[INFO] [1602136409.522826009] [minimal_action_client]: Received feedback: array('i',
[0, 1, 1, 2])
[INFO] [1602136410.525715237] [minimal_action_client]: Received feedback: array('i',
[0, 1, 1, 2, 3])
```

```
[INFO] [1602136411.528478615] [minimal_action_client]: Received feedback: array('i',
[0, 1, 1, 2, 3, 5])
[INFO] [1602136412.531333593] [minimal_action_client]: Received feedback: array('i',
[0, 1, 1, 2, 3, 5, 8])
[INFO] [1602136413.534172526] [minimal_action_client]: Received feedback: array('i',
[0, 1, 1, 2, 3, 5, 8, 13])
[INFO] [1602136414.536942814] [minimal_action_client]: Received feedback: array('i',
[0, 1, 1, 2, 3, 5, 8, 13, 21])
[INFO] [1602136415.539594275] [minimal_action_client]: Received feedback: array('i',
[0, 1, 1, 2, 3, 5, 8, 13, 21, 34])
[INFO] [1602136416.542489610] [minimal_action_client]: Received feedback: array('i',
[0, 1, 1, 2, 3, 5, 8, 13, 21, 34, 55])
[INFO] [1602136417.548468233] [minimal_action_client]: Goal succeeded! Result:
array('i', [0, 1, 1, 2, 3, 5, 8, 13, 21, 34, 55])
```

　一方、サーバ側のモニタは、同じような手続きが表示され、処理が終わると待機状態になります。

```
[INFO] [1602136408.515099700] [minimal_action_server]: Received goal request
[INFO] [1602136408.517518381] [minimal_action_server]: Executing goal...
[INFO] [1602136408.517869212] [minimal_action_server]: Publishing feedback: array('i',
[0, 1, 1])
[INFO] [1602136409.520428726] [minimal_action_server]: Publishing feedback: array('i',
[0, 1, 1, 2])
[INFO] [1602136410.523284890] [minimal_action_server]: Publishing feedback: array('i',
[0, 1, 1, 2, 3])
[INFO] [1602136411.526083336] [minimal_action_server]: Publishing feedback: array('i',
[0, 1, 1, 2, 3, 5])
[INFO] [1602136412.528894943] [minimal_action_server]: Publishing feedback: array('i',
[0, 1, 1, 2, 3, 5, 8])
[INFO] [1602136413.531757086] [minimal_action_server]: Publishing feedback: array('i',
[0, 1, 1, 2, 3, 5, 8, 13])
[INFO] [1602136414.534569584] [minimal_action_server]: Publishing feedback: array('i',
[0, 1, 1, 2, 3, 5, 8, 13, 21])
[INFO] [1602136415.537138491] [minimal_action_server]: Publishing feedback: array('i',
[0, 1, 1, 2, 3, 5, 8, 13, 21, 34])
[INFO] [1602136416.540078827] [minimal_action_server]: Publishing feedback: array('i',
[0, 1, 1, 2, 3, 5, 8, 13, 21, 34, 55])
```

新しい、ターミナルを立ち上げてアクションのリストを調べてみます。

```
$ source /opt/ros/foxy/setup.bash
$ ros2 action list
```

サーバが待機状態、または、処理中のときには fibonacci というアクションが表示されます。

```
/fibonacci
```

クライアントも実行し、実行中に　fibonacci アクションを調べてみます。

```
$ ros2 action info /fibonacci
```

```
Action: /fibonacci
Action clients: 1
    /minimal_action_client
Action servers: 1
    /minimal_action_server
```

　クライアントノードが minimal_action_client、サーバノードが minimal_action_server だということが示されました。クライアントノードが処理している間にクライアントノードを調べてみます。

```
$ ros2 node info /minimal_action_client
```

```
/minimal_action_client
  Subscribers:

  Publishers:
    /parameter_events: rcl_interfaces/msg/ParameterEvent
    /rosout: rcl_interfaces/msg/Log
  Service Servers:
    /minimal_action_client/describe_parameters: rcl_interfaces/srv/DescribeParameters
    /minimal_action_client/get_parameter_types: rcl_interfaces/srv/GetParameterTypes
    /minimal_action_client/get_parameters: rcl_interfaces/srv/GetParameters
    /minimal_action_client/list_parameters: rcl_interfaces/srv/ListParameters
    /minimal_action_client/set_parameters: rcl_interfaces/srv/SetParameters
       /minimal_action_client/set_parameters_atomically: rcl_interfaces/srv/
SetParametersAtomically
  Service Clients:

  Action Servers:

  Action Clients:
    /fibonacci: example_interfaces/action/Fibonacci
```

　最終行にクライアントがサーバとの間でやり取りするメッセージが示されています。この内容を調べます。

```
$ ros2 interface show example_interfaces/action/Fibonacci
```

```
# Goal
int32 order
---
# Result
int32[] sequence
```

```
---
# Feedback
int32[] sequence
```

　クライアントがサーバに渡すゴールの型は Int32、サーバがクライアントに渡す結果の型は Int32[] の整数配列、同じく途中経過は Int32[] の整数配列だということを示しています。プログラムの例ではクライアントは、サーバにゴールとして、整数の 10 を渡し、10 回の処理をサーバに依頼します。サーバは初期値として [0,1] を持ち、最初の処理では [0,1] を途中経過として返し、2 回目は足し算の回答を配列の一番右に書き加えて [0,1,1] とします。この処理結果を次の経過としてクライアントに返します。サーバはこの処理を 10 回行い、そのたびに配列の一番右に加えて、クライアントに順次、経過を返します。10 回を終了したら、サーバはクライアントに結果の配列を返し、待機状態になります。一方のクライアントは結果の配列 [0,1,2,3,5,13,21,34,55] を受け取り処理を終了します。

　Ctrl+C を入れて、すべてのターミナルを閉じます。

# 第4章

ROS2の
プログラミング

今回も山科が PC に向かって座っています。島田は自分の席にいて、遠目に見ています。内木場が山科に近づいて話を始めました。

内 「山科さん、ROS2 の使い方がわかったところで、いよいよプログラムを作っていきましょう」
　「コマンドラインからの入力だけだと、自動的に何かをすることができません。ロボットでは、画像だとかセンサ、それから、モータ、サーボ、LED など、それぞれをノードに見立て、信号のやり取りを同時にします。ノードの作り方やノードとのやり取りの仕方をいくつかのプログラムに書いて、同時にプログラムを実行すれば、できることになります」

山 「例えば、センサで何かを測定して、ノードがその情報をメッセージに出して、受けたノードが判断して、何かをするメッセージを送るというような感じですか」

内 「山科さん、すごくよく理解していますね。もしかしたら予習しました」

山 「面白くなってきて、今日のところを少しだけ、自分で試してみました。途中ですが、何をやっているのかはなんとなくわかるような気がします。でも、細かいところは、まだ、よくわかりません」

内 「わかりやすいようにプログラムを用意したつもりですが、やっぱり、はじめてだと難しいかもしれません」
　「トピック、サービス、メッセージの型、パラメータ、ローンチと盛りだくさんです。でも、ROS2 の基本はトピックです。実際に使われているのはほとんどトピックです。」

山 「じゃあ、トピックを一生懸命勉強すれば何とかなりますね」

内 「何とかなりそうですが、この際全部習得してしまいましょう」

山 「先生、私 C++ がとっても苦手なんですが…」

内 「ROS2 では C++ でもプログラムを作れますが、Python でもできます。C++ も Python もオブジェクト指向言語です。どちらも得意不得意があって、実際の ROS2 では同じくらい使われています。Python のほうが少し直感的で、コンパイルをする手間がなかったりするので使いやすいかもしれません」
　「それから、ROS2 を修得した後に、ロボットに AI の画像認識を搭載する予定でしたね。AI のディープラーニングには Python が使われます」
　「プログラムの作り方の概略ですが、ROS2 では、ワークスペースという作業用ディレクトリを作り、ワークスペースの中に src ディレクトリを作ります。そして、さらに src の中にパッケージというものを作ります。」

山 「src ってソースファイルを入れるディレクトリですね。パッケージというのはあまりよくわからないのですが」

内 「パッケージは ROS2 の概念です。robot の機能ごとに作っていきます。ノードをある程度まとめたものだと考えてもいいと思います。」
　「ここでのプログラムでは、なるべくパッケージを分けるようにします。他のパッケージの影響を受けないでシンプルにすることもありますが、プログラムを改編して何か

　　　　新しい機能を持たせる場合、新たにパッケージを作り、元のパッケージと比較ができます。そろそろ始めましょうか」

島　「一段落ついたので、手伝いますよ」

山　「島田さんありがとうございます。よろしくお願いします」

　プログラムコードの作成には ROS2 の正式 web ページ（https://index.ros.org/）に詳細があります。その中の tutorials にいくつかのプログラムコードの作り方が記載されています。ただし、このページは英語で記載されていて、ある程度の読解力が必要です。この本のプログラムは、その記載に沿って作成をしたものです。より理解しやすく、また、ロボットへの応用がイメージしやすいように配慮して、プログラムコードを作成しました。

## 4−1　プログラミングの流れ

　ROS2 のプログラムを開発するにあたってはワークスペースという専用のディレクトリを作って、その中で処理を行います。ここでは trial_ws というディレクトリを ~/ の直下に作ります。ターミナルを立ち上げて、

```
$ cd ~/
$ mkdir trial_ws
```

　ROS2 では、プログラムコードをパッケージと呼ばれる単位でまとめて扱います。パッケージは機能単位ごとにまとめて、通常は複数つくります。このあたりのことは実際にプログラムコードを作るときに理解ができると思います。パッケージはワークスペースの直下に作るディレクトリ src に配置されます。その準備として、いま作ったワークススペース trial_ws に移動して、src ディレクトリを作ります。

```
$ cd ~/trial_ws
$ mkdir src
```

　ROS2 の環境設定をするために次のコマンドを入力します。このコマンドは、ターミナルを立ち上げるたびに入力してターミナルで ROS2 のコマンドが使えるようにします。

```
$ source /opt/ros/foxy/setup.bash
```

　パッケージの名前をここでは dummy_package として src ディレクトリの中に作ります。パッケージのひな形は次のコマンドで作ります。src に移動して作ります。

```
$ cd src
$ ros2 pkg create --build-type ament_python dummy_package
```

この本では Python でコーディングしていくので、ament_python とします。また、パッケージの名前を dummy_package とします。ros2 pkg create コマンドを入力することによって、src ディレクトリの下に dummy_package というディレクトリが作られ、必要なファイルが作られました。

```
going to create a new package
package name: dummy_package
destination directory: /home/Your_ID/trial_ws/src
package format: 3
version: 0.0.0
description: TODO: Package description
maintainer: ['Your Name <your @email.com>']
licenses: ['TODO: License declaration']
build type: ament_python
dependencies: []
creating folder ./dummy_package
creating ./dummy_package/package.xml
creating source folder
creating folder ./dummy_package/dummy_package
creating ./dummy_package/setup.py
creating ./dummy_package/setup.cfg
creating folder ./dummy_package/resource
creating ./dummy_package/resource/dummy_package
creating ./dummy_package/dummy_package/__init__.py
creating folder ./dummy_package/test
creating ./dummy_package/test/test_copyright.py
creating ./dummy_package/test/test_flake8.py
creating ./dummy_package/test/test_pep257.py
```

dummy_pakage デイレクトリの中身を見てみましょう。

```
$ cd dummy_package
$ ls
```

```
dummy_package  package.xml  resource  setup.cfg  setup.py  test
```

dummy_package の下に同じ名前のディレクトリ dummy_package が作られたことがわかります。setup.py と pakage.xml はソースファイルをビルドするためのファイルです。ros2 pkg create をすることによって、ひな形が作成されます。

ここでは、試しにパッケージを作っただけです。プログラムをコーディングするときには、今できた dummy_package の下の同じ名前の dummy_package に Python のソースファイルを作ることになります。また、setup.py と pakage.xml を書き換えてビルドの準備をします。

作ったパッケージをソースファイルがない状態で一度ビルドをしてみましょう。ビルドには

colcon コマンドを使います。そのままのターミナルでもいいのですが、新しいターミナルを立ち上げてビルドします。今後、ファイル操作が複雑になった場合ミスを防ぐのに有効です。新しいターミナルに次のコマンドを入れます。

```
$ source /opt/ros/foxy/setup.bash
$ cd ~/trial_ws
$ colcon build
```

　colcon build でビルドするときには、必ず、ワークスペース直下で実行します。この場合は、~/trial_ws です。問題がなければ次のようにビルドが実行されます。

```
Starting >>> dummy_package
Finished <<< dummy_package [0.54s]

Summary: 1 package finished [0.65s]
```

　ここで、trial_ws の中身を見てみます。

```
$ ls
```

```
build  install  log  src
```

　src はもともとあったディレクトリですが、build、install、log の各ディレクトリが増えていることがわかります。

　ビルドした後にはワークスペースの環境変数が変わっているので、ワークスペースとターミナルの設定をするために次のコマンドを入力します。このコマンドはワークスペースのディレクトリ ~/trial_ws から入力します。

```
$ . install/setup.bash
```

　この後は、ros2 run などのコマンドを使って、実行をするのですが、このパッケージはダミーなのでここまでにします。パッケージを作り、必要な Python ソースファイルを作り、setup.py と pakage.xml を書き換え、ビルドする。これが一連の流れになります。

## 4－2　トピック

　ROS2 にはいろいろな機能がありますが、90％はここで扱うトピックです。あるノードがトピックという媒体にメッセージを掲示して、別のノードがトピックのメッセージを読込みに行くという形です。トピックの存在と名前を知っていればどのノードもメッセージを読込むこと

ができます。トピックをノードとの間に結ばれたパイプに例えることがありますが、掲示板と考えたほうが理解しやすいかもしれません。トピックを扱うパッケージを作って実際にプログラムコードを作っていきます。

　パッケージの名前を trial_topic とします。書き込み側のノードを trial_publisher、読込み側のノードを trial_subscriber とします。トピックの名前は trial_topic とします。プログラムコード trial_publisher.py ではノード trial_publisher を作り、メッセージを publish します。trial_subscriber.py ではノード trial_subscriber を作り、メッセージを subscribe します。trial_publisher.py と trial_subscriber.py はディレクトリ trial_topic のさらに下の同じ名前のディレクトリ trial_topic に作ります。実際に作っていきましょう。

　新しいターミナルを開き、ROS2 の環境を読込みます。

```
$ source /opt/ros/foxy/setup.bash
```

trial_ws の下の src に移動して、trial_topic というパッケージを作ります。

```
$ cd ~/trial_ws/src
$ ros2 pkg create --build-type ament_python trial_topic
```

　一つ下の同じ名前のディレクトリ trial_topic に移り、Python のソースファイルを2つ作ります。まず、traial_publisher.py です。ここでは、vim エディタを例として使います。

```
$ cd trial_topic/trial_topic
$ touch trial_publisher.py
$ vim trial_publisher.py
```

```
trial_publisher.py
import rclpy
from rclpy.node import Node

from std_msgs.msg import String


class TrialPublisher(Node):

    def __init__(self):
        super().__init__('trial_publisher')
        self.publisher_ = self.create_publisher(String, 'trial_topic', 10)
        timer_period = 1
        self.timer = self.create_timer(timer_period, self.timer_callback)
        self.i = 0
```

```
    def timer_callback(self):
        msg = String()
        msg.data = 'Hello! %d' % self.i
        self.publisher_.publish(msg)
        self.get_logger().info('Publishing, "%s"' % msg.data)
        self.i += 1


def main(args=None):
    try:
        rclpy.init(args=args)

        trial_publisher = TrialPublisher()

        rclpy.spin(trial_publisher)
    except KeyboardInterrupt:
        pass
    finally:
        trial_publisher.destroy_node()
        rclpy.shutdown()


if __name__ == '__main__':
    main()
```

書き終わったら、保存をしてください。

　traial_publisher.py の解説をします。Python を扱う ROS2 のファイルは rclpy です。rclpy から Node をインポートして、Node のコーディングの準備をします。また、トピックに掲示するメッセージは文字列で受け渡しをします。そのため from std_msgs.msg import String を追加します。

```
import rclpy
from rclpy.node import Node

from std_msgs.msg import String
```

　class をもちいてオブジェクト指向のプログラミングとしています。class のなかでは変数の定義のほかに、処理を定義するメソッドも使っています。class の名称を TrialPublisher とします。Python の記述方法では、class は大文字から始まる単語を _ なしでつなげて用います。class の中では、trial_publisher というノードを定義し、String 型のメッセージを掲示するためのトピック trial_topic を定義します。ノードがトピックにメッセージを送信する間隔を timer_period = 1 とします。ここでは1秒としました。そして、タイマー関数を使い、1秒ごとに timer_callback を呼び出します。変数 i を定義して初期値0を代入します。

```
class TrialPublisher(Node):

    def __init__(self):
        super().__init__('trial_publisher')
        self.publisher_ = self.create_publisher(String, 'trial_topic', 10)
        timer_period = 1
        self.timer = self.create_timer(timer_period, self.timer_callback)
        self.i = 0
```

timer_callback 関数では、String 型の msg を用意して、Hello! と i の値を msg.data に代入します。msg をトピックに送り、log データから msg の内容を Publishing, "msg" の形でターミナルに表示します。Timer_callback が呼ばれるたびに i に 1 を加算します。

```
def timer_callback(self):
        msg = String()
        msg.data = 'Hello! %d' % self.i
        self.publisher_.publish(msg)
        self.get_logger().info('Publishing, "%s"' % msg.data)
        self.i += 1
```

Main 関数では、ノードの初期化をしたのちに class をインスタンス化して、callback ループの実行をします。Except 以降はキーボードから中止入力（Ctrl+C）があった場合の処理をします。中止入力があった場合は trial_publisher ノードを削除して、プログラムを終了します。

```
def main(args=None):
    try:
        rclpy.init(args=args)

        trial_publisher = TrialPublisher()

        rclpy.spin(trial_publisher)
    except KeyboardInterrupt:
        pass
    finally:
        trial_publisher.destroy_node()
        rclpy.shutdown()


if __name__ == '__main__':
    main()
```

次に、trial_subscriber.py です。

```
$ touch trial_subscriber.py
$ vim trial_subscriber.py
```

```
trial_subscriber.py
import rclpy
from rclpy.node import Node

from std_msgs.msg import String


class TrialSubscriber(Node):

    def __init__(self):
        super().__init__('trial_subscriber')
        self.subscription = self.create_subscription(
            String,
            'trial_topic',
            self.listener_callback,
            10)
        self.subscription

    def listener_callback(self, msg):
        self.get_logger().info('Subscribed, "%s"' % msg.data)


def main(args=None):
    try:
        rclpy.init(args=args)

        trial_subscriber = TrialSubscriber()

        rclpy.spin(trial_subscriber)

    except KeyboardInterrupt:
        pass
    finally:
        trial_subscriber.destroy_node()
    rclpy.shutdown()


if __name__ == '__main__':
    main()
```

書き終わったら、保存をしてください。

　traial_subscriber.py の説明です。このプログラムコードでは、trial_publisher.py と同じように、rclpy から Node をインポートして、Node のコーディングの準備をします。また、トピックに掲示する文字列のメッセージ読み込むために from std_msgs.msg import String を追加します。

```
import rclpy
from rclpy.node import Node

from std_msgs.msg import String
```

class の名称を TrialSubscriber として、trial_subscriber というノードを定義します。

```
class TrialSubscriber(Node):

    def __init__(self):
        super().__init__('trial_subscriber')
        self.subscription = self.create_subscription(
            String,
            'trial_topic',
            self.listener_callback,
            10)
        self.subscription
```

listener_callback 関数では、読み込んだメッセージを msg に代入します。log データから msg の内容を Subscribed, "msg" の形でターミナルに表示します。

```
    def listener_callback(self, msg):
        self.get_logger().info('Subscribed, "%s"' % msg.data)
```

Main 関数では、ノードの初期化をしたのちに class をインスタンス化して、トピックに入力を検出した場合、callback ループの実行をします。以降は、trial_publisher.py と同じ手順です。キーボードから中止入力（Ctrl+C）があった場合の処理をします。中止入力があった場合は trial_subscriber ノードを削除して、プログラムを終了します。

```
def main(args=None):
    try:
        rclpy.init(args=args)

        trial_subscriber = TrialSubscriber()

        rclpy.spin(trial_subscriber)

    except KeyboardInterrupt:
        pass
    finally:
        trial_subscriber.destroy_node()
    rclpy.shutdown()


if __name__ == '__main__':
    main()
```

パッケージをビルドする際に各々のファイルの関係を示す必要があります。その役目をするのが setup.py と package.xml です。これらは、pkg create したときにひな型が提供されます。ここでは、setup.py と package.xml をこのパッケージに合わせた形に変更します。setup.py と package.xml は一つ上の階層の同じ名前のディレクトリ trial_topic にあります。setup.py から書

き換えます。

```
$ cd ~/trial_ws/src/trial_topic
$ vim setup.py
```

```
setup.py
from setuptools import setup

package_name = 'trial_topic'

setup(
    name=package_name,
    version='0.0.0',
    packages=[package_name],
    data_files=[
        ('share/ament_index/resource_index/packages',
            ['resource/' + package_name]),
        ('share/' + package_name, ['package.xml']),
    ],
    install_requires=['setuptools'],
    zip_safe=True,
    maintainer='Your Name',
    maintainer_email='your@email.com',
    description='Examples of publisher and subscriber',
    license='Apache License 2.0',
    tests_require=['pytest'],
    entry_points={
        'console_scripts': [
                'publisher = trial_topic.trial_publisher:main',
                'subscriber = trial_topic.trial_subscriber:main',
        ],
    },
)
```

　setup.py の解説をします。package_name = 'trial_topic' のパッケージ名は自動的に入ります。maintainer, maintainer_email description, license の部分を書き換えます。ここでは license を Apache License 2.0 としておきます。適宜、内容を変更してください。

```
    maintainer='Your Name',
    maintainer_email='your@email.com',
    description='Examples of publisher and subscriber',
    license='Apache License 2.0',
```

　trial_publisher.py と trial_subscriber.py の実行をするために、console scripts にパッケージの名前と実行ファイルを示した行を追加します。trial_publisher.py の実行には publisher, trial_subscriber.py の実行には subscriber という名称を使います。name = package_name.file_name:main という記述となります。file_name の .py は書きません。変更を終えたら保存します。

```
            'publisher = trial_topic.trial_publisher:main',
            'subscriber = trial_topic.trial_subscriber:main',
```

次に、package.xml です。

```
$ vim package.xml
```

```
package.xml
<?xml version="1.0"?>
<?xml-model href="http://download.ros.org/schema/package_format3.xsd" schematypens="http://
www.w3.org/2001/XMLSchema"?>
<package format="3">
  <name>trial_topic</name>
  <version>0.0.0</version>
  <description>Examples of publisher and subscriber</description>
  <maintainer email="your@email.com">Your Name</maintainer>
  <license>Apache License 2.0</license>

  <test_depend>ament_copyright</test_depend>
  <test_depend>ament_flake8</test_depend>
  <test_depend>ament_pep257</test_depend>
  <test_depend>python3-pytest</test_depend>

  <export>
        <build_type>ament_python</build_type>
        <exec_depend>rclpy</exec_depend>
        <exec_depend>std_msgs</exec_depend>
  </export>
</package>
```

package.xml の解説をします。<name>trial_topic</name> のパッケージ名は自動的に入ります。setup.py と同じように、パッケージについての説明事項を書きます。

```
  <description>Examples of publisher and subscriber</description>
  <maintainer email="your@email.com">Your Name</maintainer>
  <license>Apache License 2.0</license>
```

次にパッケージが使う依存関係を追加します。このパッケージでは rclpy と std_msgs を使います。

```
        <exec_depend>rclpy</exec_depend>
        <exec_depend>std_msgs</exec_depend>
```

ここまでできたら、ビルドをします。ビルドをする前にディレクトリ trial_ws に移ります。ビルドは指定するパッケージだけを対象にすることができます。ここでは、trial_topic だけを

対象とします。

```
$ cd ~/trial_ws
$ colcon build --packages-select trial_topic
```

　次に、実行の準備をします。新しいターミナルをふたつ作ります。そして、両方のターミナルで設定をします。最後の行は、ワークスペースの環境を読込むためにします。

```
$ source /opt/ros/foxy/setup.bash
$ cd ~/trial_ws
$ . install/setup.bash
```

　続いて、作ったターミナルのひとつに subcsribe の実行コマンドを入力します。

```
$ ros2 run trial_topic subscriber
```

　待機状態になります。もう一方のターミナルに publish の実行コマンドを入れます。

```
$ ros2 run trial_topic publisher
```

trial_publisher.py が実行され以下の表示が流れます。

```
[INFO] [1601072892.440229149] [trial_publisher]: Publishing, "Hello! 0"
[INFO] [1601072893.419818138] [trial_publisher]: Publishing, "Hello! 1"
[INFO] [1601072894.419821830] [trial_publisher]: Publishing, "Hello! 2"
[INFO] [1601072895.419864199] [trial_publisher]: Publishing, "Hello! 3"
[INFO] [1601072896.419827445] [trial_publisher]: Publishing, "Hello! 4"
[INFO] [1601072897.419875844] [trial_publisher]: Publishing, "Hello! 5"
[INFO] [1601072898.419846911] [trial_publisher]: Publishing, "Hello! 6"
[INFO] [1601072899.419828492] [trial_publisher]: Publishing, "Hello! 7"
[INFO] [1601072900.419866297] [trial_publisher]: Publishing, "Hello! 8"
[INFO] [1601072901.419839755] [trial_publisher]: Publishing, "Hello! 9"
[INFO] [1601072902.419863714] [trial_publisher]: Publishing, "Hello! 10"
                                    :
                                    :
```

　もう一方のターミナルの待機状態が同期を始めて、出力を開始します。

```
[INFO] [1601072892.440754680] [trial_subscriber]: Subscribed, "Hello! 0"
[INFO] [1601072893.420332503] [trial_subscriber]: Subscribed, "Hello! 1"
[INFO] [1601072894.420339549] [trial_subscriber]: Subscribed, "Hello! 2"
[INFO] [1601072895.420372334] [trial_subscriber]: Subscribed, "Hello! 3"
[INFO] [1601072896.420438064] [trial_subscriber]: Subscribed, "Hello! 4"
[INFO] [1601072897.420482370] [trial_subscriber]: Subscribed, "Hello! 5"
[INFO] [1601072898.420470927] [trial_subscriber]: Subscribed, "Hello! 6"
[INFO] [1601072899.420422851] [trial_subscriber]: Subscribed, "Hello! 7"
[INFO] [1601072900.420499733] [trial_subscriber]: Subscribed, "Hello! 8"
[INFO] [1601072901.420393505] [trial_subscriber]: Subscribed, "Hello! 9"
[INFO] [1601072902.420409140] [trial_subscriber]: Subscribed, "Hello! 10"
                              :
                              :
```

## 4－3　型の定義

　trial_pubsub では、メッセージの型に文字列の型 String を使いました。ここでは、型に注目をしたいと思います。型を扱う場合、もっとも簡単なのは、from std_msgs.msg import を使い、使う型を引用することです。trial_pubsub では from std_msgs.msg import String としました。そして、package.xml には <exec_depend>std_msgs</exec_depend> を追加して依存関係を示しました。std_msgs.msg で扱うことができる型は Bool, Byte, Char, Float32, Float64, Int8, Int16, Int32, Int64, String, UInt8, UInt16, UInt32, UInt64 です。このほかに、配列型を扱うこともできます。例えば Int16 型を扱う場合は、from std_msgs.msg import Int16 とすればよいことになります。

　一方で、違う定義の方法があります。別途ディレクトリを作り、その中に型を書き込んだファイルを作り、定義する方法です。自分で特殊な型を作り、その型を使うときにはこの方法を使います。型を管理するディレクトリは型を使うパッケージの中にある必要はありません。これから大きなシステムを作っていく場合、型をパッケージごとに管理をすると複雑になり、問題を引き起こすこともあります。その場合、型だけを定義するパッケージを専用に作っておくと、管理が円滑にできます。ROS2 では、メッセージの型を定義するために、ディレクトリ msg とその中に .msg の拡張子を持つ定義ファイルを用意します。サービスの場合は、ディレクトリ srv の中にファイル .srv、そしてアクションの場合はディレクトリ action の中に .action になります。ここでは、その例として、メッセージに使う Float64 型とサービスに使う独自に定義する型を管理するパッケージを作ります。

　実際に作っていきます。新しいターミナルを開き、ROS2 の設定をします。

```
$ source /opt/ros/foxy/setup.bash
```

　src ディレクトリに移りパッケージを作るのですが、ここでは Python の形式ではなく C++ の形式で作ります。型を定義するためには CMakeLists.txt に型を書く必要がありますが、Python の形式でパッケージを作ると CMakeLists.txt が生成されません。

```
$ cd ~/trial_ws/src
$ ros2 pkg create --build-type ament_cmake trial_interface
```

```
going to create a new package
package name: trial_interface
                        :
                        :
creating folder ./trial_interface/src
creating folder ./trial_interface/include/trial_interface
creating ./trial_interface/CMakeLists.txt
```

　最終行に CMakeLists.txt を作ったことが示されています。確認をしたら、trial_interface ディレクトリに移って、メッセージ用の型を入れる msg とサービス用の型を入れる srv というディレクトリを作ります。

```
$ cd trial_interface
$ mkdir msg
$ mkdir srv
```

　msg ディレクトリに移り、Valu.msg というファイルを作ります。

```
$ cd msg
$ touch Valu.msg
$ vim Valu.msg
```

　Valu.msg の中身は1行です。valu という Float64 型のメッセージデータを定義します。ファイルの中身の float64 は小文字になることを注意してください。

| Valu.msg |
| --- |
| float64 valu |

　srv ディレクトリに移り、XYZ.srv というファイルを作ります。Int64 型を4つ作ります。ファイルの中身の int64 はやはり小文字です。

```
$ cd ../srv
$ touch XYZ.srv
$ vim XYZ.srv
```

```
XYZ.srv
int64 x
int64 y
int64 z
---
int64 sqsum
```

今度は、CMakeLists.txt の内容を書き換えます。

```
$ cd ../
$ vim CMakeLists.txt
```

```
CMakeLists.txt
cmake_minimum_required(VERSION 3.5)
project(trial_interface)

# Default to C99
if(NOT CMAKE_C_STANDARD)
  set(CMAKE_C_STANDARD 99)
endif()

# Default to C++14
if(NOT CMAKE_CXX_STANDARD)
  set(CMAKE_CXX_STANDARD 14)
endif()

if(CMAKE_COMPILER_IS_GNUCXX OR CMAKE_CXX_COMPILER_ID MATCHES "Clang")
  add_compile_options(-Wall -Wextra -Wpedantic)
endif()

# find dependencies
find_package(ament_cmake REQUIRED)
# uncomment the following section in order to fill in
# further dependencies manually.
# find_package(<dependency> REQUIRED)

find_package(rosidl_default_generators REQUIRED)

rosidl_generate_interfaces(${PROJECT_NAME}
  "msg/Valu.msg"
  "srv/XYZ.srv"
 )


if(BUILD_TESTING)
  find_package(ament_lint_auto REQUIRED)
  # the following line skips the linter which checks for copyrights
  # uncomment the line when a copyright and license is not present in all source files
  #set(ament_cmake_copyright_FOUND TRUE)
  # the following line skips cpplint (only works in a git repo)
```

```
  # uncomment the line when this package is not in a git repo
  #set(ament_cmake_cpplint_FOUND TRUE)
  ament_lint_auto_find_test_dependencies()
endif()

ament_package()
```

pkg create で生成された CMakeLists.txt ファイルに次のものを追加しました。Valu.msg と XYZ.srv に関係づけるためです。

```
find_package(rosidl_default_generators REQUIRED)

rosidl_generate_interfaces(${PROJECT_NAME}
  "msg/Valu.msg"
  "srv/XYZ.srv"
 )
```

package.xml の内容を書き換えます。

```
$ vim package.xml
```

```
package.xml
<?xml version="1.0"?>
<?xml-model href="http://download.ros.org/schema/package_format3.xsd" schematypens="http://
www.w3.org/2001/XMLSchema"?>
<package format="3">
  <name>trial_interface</name>
  <version>0.0.0</version>
  <description>Examples of interface</description>
  <maintainer email="your@email.com">Your Name</maintainer>
  <license>Apache License 2.0</license>

  <buildtool_depend>ament_cmake</buildtool_depend>

  <test_depend>ament_lint_auto</test_depend>
  <test_depend>ament_lint_common</test_depend>

  <build_depend>rosidl_default_generators</build_depend>

  <exec_depend>rosidl_default_runtime</exec_depend>

  <member_of_group>rosidl_interface_packages</member_of_group>

  <export>
    <build_type>ament_cmake</build_type>
  </export>
</package>
```

パッケージの説明を変更して次のようにしました。

```
<description>Examples of interface</description>
<maintainer email="your@email.com">Your Name</maintainer>
<license>Apache License 2.0</license>
```

また、次の行を追加しました。

```
<build_depend>rosidl_default_generators</build_depend>

<exec_depend>rosidl_default_runtime</exec_depend>

<member_of_group>rosidl_interface_packages</member_of_group>
```

ここまでで、パッケージ trial_interface をビルドします。

```
$ cd ~/trial_ws
$ colcon build --packages-select trial_interface
```

型の定義ができたかどうか確かめてみます。

```
$ . install/setup.bash
$ ros2 interface show trial_interface/msg/Valu
```

```
float64 valu
```

```
$ ros2 interface show trial_interface/srv/XYZ
```

```
int64 x
int64 y
int64 z
---
int64 sqsum
```

以上のように出力されれば、型の定義ができたことを示します。

続いて、trial_interface で定義した Valu.msg を使う新しいパッケージを用意します。パッケージの名前を trial_topic_pi とします。このパッケージでは、トピックのメッセージに Float64 型を使います。Float64 の型は Valu.msg に定義された valu を import します。trial_publisher_pi.py でノード trial_publisher を作り、円周率 π を繰り返し計算して、その都度 publish します。

また、trial_subscriber_pi.py でノード trial_subscriber を作り subscribe します。

```
$ cd ~/trial_ws/src
$ ros2 pkg create --build-type ament_python trial_topic_pi
```

ディレクトリ trial_topic_pi の下の同じ名前のディレクトリ trial_topic_pi に trial_publisher_pi.py と trial_subscriber_pi.py を作ります。トピックのところで作成した trial_publisher.py と trial_subscriber.py に変更を加えていきます。

```
$ cd trial_topic_pi/trial_topic_pi
$ touch trial_publisher_pi.py
$ vim trial_publisher_pi.py
```

```
trial_publisher_pi.py
import rclpy
import numpy as np
from rclpy.node import Node

from trial_interface.msg import Valu


class TrialPublisher(Node):

    def __init__(self):
        super().__init__('trial_publisher')
        self.publisher_ = self.create_publisher(Valu, 'trial_topic', 10)
        timer_period = 1
        self.timer = self.create_timer(timer_period, self.timer_callback)
        self.i = 1

    def timer_callback(self):
        msg = Valu()
        msg.valu = self.i * np.sin(np.radians(360 / self.i)) / 2
        self.publisher_.publish(msg)
        self.get_logger().info('Publishing, "%s"' % msg.valu)
        self.i += 1


def main(args=None):
    try:
        rclpy.init(args=args)

        trial_publisher = TrialPublisher()

        rclpy.spin(trial_publisher)
    except KeyboardInterrupt:
        pass
    finally:
```

```
        trial_publisher.destroy_node()
        rclpy.shutdown()


if __name__ == '__main__':
    main()
```

　最初の部分では、数式を使うために Python の numpy を引用します。また、先ほど使ったパッケージ trial_interface/msg から Valu.msg を引用します。

```
import rclpy
import numpy as np
from rclpy.node import Node

from trial_interface.msg import Valu
```

　メッセージの型は Float32 の Valu にしました。そのためメーセージの trial_topic の型を Valu にします。

```
        self.publisher_ = self.create_publisher(Valu, 'trial_topic', 10)
```

　callback 関数の中では、メッセージの関数名が Valu()、値が valu に変わったことに対応して変更をします。この部分で円周率の計算をしています。円の内接多角形の面積と円の面積を比較することで導出します。繰り返しの回数を多角形の角数にしています。

```
    def timer_callback(self):
        msg = Valu()
        msg.valu = self.i * np.sin(np.radians(360 / self.i)) / 2
        self.publisher_.publish(msg)
        self.get_logger().info('Publishing, "%s"' % msg.valu)
        self.i += 1
```

　次に、trial_subscriber_pi.py です。同じように trial_subscriber.py に変更を加えて加えて作ります。

```
$ touch trial_subscriber_pi.py
$ vim trial_subscriber_pi.py
```

```
trial_subscriber_pi.py
import rclpy
from rclpy.node import Node
```

```python
from trial_interface.msg import Valu


class TrialSubscriber(Node):

    def __init__(self):
        super().__init__('trial_subscriber')
        self.subscription = self.create_subscription(
            Valu,
            'trial_topic',
            self.listener_callback,
            10)
        self.subscription

    def listener_callback(self, msg):
        self.get_logger().info('Subscribed, "%s"' % msg.valu)


def main(args=None):
    try:
        rclpy.init(args=args)

        trial_subscriber = TrialSubscriber()

        rclpy.spin(trial_subscriber)

    except KeyboardInterrupt:
        pass
    finally:
        trial_subscriber.destroy_node()
    rclpy.shutdown()


if __name__ == '__main__':
    main()
```

ここでも、パッケージ trial_interface/msg から Valu.msg を引用します。

```python
from trial_interface.msg import Valu
```

同じように、メッセージの trial_topic の型を Valu にします。

```python
        self.subscription = self.create_subscription(
            Valu,
            'trial_topic',
            self.listener_callback,
            10)
```

callback 関数の中も同じように変更します、メッセージの関数名が Valu()、値が valu に変わ

ったことに対応して変更します。

```
    def listener_callback(self, msg):
        self.get_logger().info('Subscribed, "%s"' % msg.valu)
```

setup.py を変更します。一つ上の階層にあります。こちらのほうは、自動的に生成されたファイルを修正していきます。

```
$ cd ../
$ vim setup.py
```

```
setup.py
from setuptools import setup

package_name = 'trial_topic_pi'

setup(
    name=package_name,
    version='0.0.0',
    packages=[package_name],
    data_files=[
        ('share/ament_index/resource_index/packages',
            ['resource/' + package_name]),
        ('share/' + package_name, ['package.xml']),
    ],
    install_requires=['setuptools'],
    zip_safe=True,
    maintainer='Your Name',
    maintainer_email='your@email.com',
    description='Examples of interface',
    license='Apache License 2.0',
    tests_require=['pytest'],
    entry_points={
        'console_scripts': [
        'publisher = trial_topic_pi.trial_publisher_pi:main',
        'subscriber = trial_topic_pi.trial_subscriber_pi:main',
        ],
    },
)
```

トピックの時と同じ操作ですが、以下の書き換えを行います。

```
    maintainer='Your Name',
    maintainer_email='your@email.com',
    description='Examples of interface',
    license='Apache License 2.0',
```

　また、console_scripts に以下の 2 行を追加して trial_publisher_pi.py の実行を publisher, trial_subscriber_pi.py の実行を subuscriber それぞれの名称でできるようにします。

```
        'publisher = trial_topic_pi.trial_publisher_pi:main',
        'subscriber = trial_topic_pi.trial_subscriber_pi:main',
```

package.xml も自動生成されたものを変更します。

```
$ vim package.xml
```

```
package.xml
<?xml version="1.0"?>
<?xml-model href="http://download.ros.org/schema/package_format3.xsd" schematypens="http://
www.w3.org/2001/XMLSchema"?>
<package format="3">
  <name>trial_topic_pi</name>
  <version>0.0.0</version>
  <description>Examples of interface</description>
  <maintainer email="your@email.com">Your Name</maintainer>
  <license>Apache License 2.0</license>

  <test_depend>ament_copyright</test_depend>
  <test_depend>ament_flake8</test_depend>
  <test_depend>ament_pep257</test_depend>
  <test_depend>python3-pytest</test_depend>

  <export>
        <build_type>ament_python</build_type>
        <exec_depend>rclpy</exec_depend>
        <exec_depend>std_msgs</exec_depend>
        <exec_depend>trial_interface</exec_depend>
  </export>
</package>
```

パッケージの記述を変更します。

```
  <description>Examples of interface</description>
  <maintainer email="your@email.com">Your Name</maintainer>
  <license>Apache License 2.0</license>
```

　以下の 3 行を追加します。<exec_depend>trial_interface</exec_depend> はメッセージの型があるパッケージ trial_interface を記します。

```
<exec_depend>rclpy</exec_depend>
<exec_depend>std_msgs</exec_depend>
<exec_depend>trial_interface</exec_depend>
```

パッケージ trial_topic_pi をビルドします。

```
$ cd ~/trial_ws
$ colcon build --packages-select trial_topic_pi
```

2つ新しいターミナルを開いて、それぞれに

```
$ source /opt/ros/foxy/setup.bash
$ cd ~/trial_ws
$ . install/setup.bash
```

先に subscriber のコマンドを打ち込むと待機状態になります。

```
$ ros2 run trial_topic_pi subscriber
```

もう一方のターミナルに、publisher コマンドを打ち込むと log が表示されます。

```
$ ros2 run trial_topic_pi publisher
```

```
[INFO] [1601431764.639118784] [trial_publisher]: Publishing, "-1.2246467991473532e-16"
[INFO] [1601431765.615507167] [trial_publisher]: Publishing, "1.2246467991473532e-16"
[INFO] [1601431766.615560436] [trial_publisher]: Publishing, "1.299038105676658"
[INFO] [1601431767.615232096] [trial_publisher]: Publishing, "2.0"
[INFO] [1601431768.615225832] [trial_publisher]: Publishing, "2.3776412907378837"
                                    :
                                    :
[INFO] [1601431886.615295976] [trial_publisher]: Publishing, "3.1402265253389623"
[INFO] [1601431887.615215254] [trial_publisher]: Publishing, "3.140248468000188"
[INFO] [1601431888.615219473] [trial_publisher]: Publishing, "3.140269886235597"
[INFO] [1601431889.615223268] [trial_publisher]: Publishing, "3.1402907966239213"
[INFO] [1601431890.615180807] [trial_publisher]: Publishing, "3.1403112150939263"
                                    :
                                    :
```

同期して subscriber 側の log が表示されます。徐々に円周率 $\pi$ に収束していきます。

```
[INFO] [1601431764.632947621] [trial_subscriber]: Subscribed, "-1.2246467991473532e-16"
[INFO] [1601431765.616032055] [trial_subscriber]: Subscribed, "1.2246467991473532e-16"
[INFO] [1601431766.616095837] [trial_subscriber]: Subscribed, "1.299038105676658"
[INFO] [1601431767.615747770] [trial_subscriber]: Subscribed, "2.0"
[INFO] [1601431768.615772506] [trial_subscriber]: Subscribed, "2.3776412907378837"
                                        :
                                        :
[INFO] [1601431886.615582289] [trial_subscriber]: Subscribed, "3.1402265253389623"
[INFO] [1601431887.615691634] [trial_subscriber]: Subscribed, "3.140248468000188"
[INFO] [1601431888.615698517] [trial_subscriber]: Subscribed, "3.140269886235597"
[INFO] [1601431889.615662804] [trial_subscriber]: Subscribed, "3.1402907966239213"
[INFO] [1601431890.615624482] [trial_subscriber]: Subscribed, "3.1403112150939263"
                                        :
                                        :
```

## 4-4　サービス

　クライアントとサーバという2つのノードの間で、サービスはやり取りをします。クライアントがサーバに要求を出し、サーバが処理を行い、回答を返します。そして、クライアントは結果を受け取ります。

　実際にコードを書いていきます。パッケージの名前を trial_service とします。サーバ側のノードを trial_server、クライアント側のノードを trial_client とします。サービスの名前は trial_service とします。サーバ側のノード trial_server を作るプログラムコードを trial_server.py とします。クライアント側のノード trial_client を作るプログラムコードを trial_client.py とします。プラグラムコードはディレクトリ trial_service のさらに下の同じ名前のディレクトリ trial_service に作ります。ここではクライアントが3つの数をサーバに送り、二乗和をしてクライアントに回答を送ります。型の定義のところで作った XYZ.srv, x, y, z, sqsum を使います。

　新しいターミナルを開き、ROS2 の設定をします。

```
$ source /opt/ros/foxy/setup.bash
```

　パッケージ trial_service をつくります。

```
$ cd ~/trial_ws/src
$ ros2 pkg create --build-type ament_python trial_service
```

　同じ名前のディレクトリ trial_service に移動して、trial_server.py を作ります。

```
$ cd trial_service/trial_service
$ touch trial_server.py
$ vim trial_server.py
```

```
trial_server.py
from trial_interface.srv import XYZ

import rclpy
from rclpy.node import Node


class TrialService(Node):

    def __init__(self):
        super().__init__('trial_server')
        self.srv = self.create_service(XYZ, 'trial_service', self.square_sum_callback)

    def square_sum_callback(self, request, response):
        response.sqsum = request.x ** 2 + request.y ** 2  + request.z ** 2
        self.get_logger().info('Incoming request\nx: %d  y: %d  z: %d' % (request.x,
request.y, request.z))

        return response


def main(args=None):
    try:
        rclpy.init(args=args)

        trial_server = TrialService()

        rclpy.spin(trial_server)
    except KeyboardInterrupt:
        pass
    finally:
        trial_server.destroy_node()
        rclpy.shutdown()


if __name__ == '__main__':
    main()
```

パッケージ trial_interface で定義した型 XYZ を引用します。

```
from trial_interface.srv import XYZ
```

ノード trial_server と XYZ 型を扱う trial_service を定義します。

```
def __init__(self):
        super().__init__('trial_server')
        self.srv = self.create_service(XYZ, 'trial_service', self.square_sum_callback)
```

square_sum_callback では、Int64 型の 3 つの値をうけとり request.x、request.y、request.z に代

入します。そして、それぞれを二乗して和をとります。そして、リクエストを受けたことを3
つの値を示しながらモニタに表示します。x, y, z の値と sqsum の値を含む response を返します。

```
    def square_sum_callback(self, request, response):
        response.sqsum = request.x ** 2 + request.y ** 2  + request.z ** 2
        self.get_logger().info('Incoming request\nx: %d  y: %d z: %d' % (request.x,
request.y, request.z))

        return response
```

trial_client.py を作ります。

```
$ touch trial_client.py
$ vim trial_client.py
```

```
trial_client.py
from trial_interface.srv import XYZ
import sys
import rclpy
from rclpy.node import Node


class TrialClientAsync(Node):

    def __init__(self):
        super().__init__('trial_client')
        self.cli = self.create_client(XYZ, 'trial_service')
        while not self.cli.wait_for_service(timeout_sec=1.0):
            self.get_logger().info('service not available, waiting again...')
        self.req = XYZ.Request()

    def send_request(self):
        self.req.x = int(sys.argv[1])
        self.req.y = int(sys.argv[2])
        self.req.z = int(sys.argv[3])
        self.future = self.cli.call_async(self.req)


def main(args=None):
    rclpy.init(args=args)

    trial_client = TrialClientAsync()
    trial_client.send_request()

    while rclpy.ok():
        rclpy.spin_once(trial_client)
        if trial_client.future.done():
            try:
                response = trial_client.future.result()
```

```
            except Exception as e:
                trial_client.get_logger().info(
                    'Service call failed %r' % (e,))
            else:
                trial_client.get_logger().info(
                    'Result of square sum: %d^2 + %d^2 + %d^2 = %d' %
                    (trial_client.req.x, trial_client.req.y, trial_client.req.z, response.
sqsum))
            break

    trial_client.destroy_node()
    rclpy.shutdown()


if __name__ == '__main__':
    main()
```

こちらでも、パッケージ trial_interface で定義した型 XYZ を引用します。また、import sys はコマンドラインから引数を読み込むためのものです。

```
from trial_interface.srv import XYZ
import sys
```

ノード trial_client と XYZ を型にする trial_service を作ります。サーバの準備ができていないならば、モニタに service not available, waiting again... の表示をします。準備ができていれば、サーバに型 XYZ の値を渡す準備をします。

```
def __init__(self):
        super().__init__('trial_client')
        self.cli = self.create_client(XYZ, 'trial_service')
        while not self.cli.wait_for_service(timeout_sec=1.0):
            self.get_logger().info('service not available, waiting again...')
        self.req = XYZ.Request()
```

コマンドラインの各引数をそれぞれ読み込み、req.x, req.y, req.z に代入します。サーバからの応答を受ける future を作ります。

```
    def send_request(self):
        self.req.x = int(sys.argv[1])
        self.req.y = int(sys.argv[2])
        self.req.z = int(sys.argv[3])
        self.future = self.cli.call_async(self.req)
```

main のなかでは、サーバに数字を送り、リクエストをした後にサーバからの回答があるかどう

かチェックします。回答があったときに結果を読み取り response に代入します。そしてエラーが
なかった場合に、結果をリクエストとともに表示します。正常に処理ができれば終了をします。

```
    trial_client.send_request()

    while rclpy.ok():
        rclpy.spin_once(trial_client)
        if trial_client.future.done():
            try:
                response = trial_client.future.result()
            except Exception as e:
                trial_client.get_logger().info(
                    'Service call failed %r' % (e,))
            else:
                trial_client.get_logger().info(
                    'Result of square sum: %d^2 + %d^2 + %d^2 = %d' %
                    (trial_client.req.x, trial_client.req.y, trial_client.req.z, response.
sqsum))
            break
```

setup.py を変更します。一つ上の階層にあります。こちらのほうは、自動的に生成されたフ
ァイルを修正していきます。

```
$ cd ../
$ vim setup.py
```

```
setup.py
from setuptools import setup


package_name = 'trial_service'


setup(
    name=package_name,
    version='0.0.0',
    packages=[package_name],
    data_files=[
        ('share/ament_index/resource_index/packages',
            ['resource/' + package_name]),
        ('share/' + package_name, ['package.xml']),
    ],
    install_requires=['setuptools'],
    zip_safe=True,
    maintainer='Your Name',
    maintainer_email='your@email.com',
    description='example of service',
    license='Apache License 2.0',
```

```
        tests_require=['pytest'],
        entry_points={
            'console_scripts': [
                'server = trial_service.trial_server:main',
                'client = trial_service.trial_client:main',
            ],
        },
)
```

今までと同じ操作ですが、パッケージの説明をします。

```
        maintainer='Your Name',
        maintainer_email='your@email.com',
        description='Examples of service',
        license='Apache License 2.0',
```

また、console_scripts に以下の2行を追加します。

```
                'server = trial_service.trial_server:main',
                'client = trial_service.trial_client:main',
```

pacakge.xml を変更します。

```
$ vim package.xml
```

package.xml
```
<?xml version="1.0"?>
<?xml-model href="http://download.ros.org/schema/package_format3.xsd" schematypens="http://
www.w3.org/2001/XMLSchema"?>
<package format="3">
  <name>trial_service</name>
  <version>0.0.0</version>
  <description>example of service</description>
  <maintainer email="your@email.com">Your Name</maintainer>
  <license>Apache License 2.0</license>

  <test_depend>ament_copyright</test_depend>
  <test_depend>ament_flake8</test_depend>
  <test_depend>ament_pep257</test_depend>
  <test_depend>python3-pytest</test_depend>

  <export>
    <build_type>ament_python</build_type>
    <exec_depend>rclpy</exec_depend>
    <exec_depend>std_msgs</exec_depend>
    <exec_depend>trial_interface</exec_depend>
  </export>
```

```
</package>
```

同じことですが、パッケージの説明を書きます。

```
<description>Examples of service</description>
<maintainer email="your@email.com">Your Name</maintainer>
<license>Apache License 2.0</license>
```

また、同じように3行を追加します。

```
<exec_depend>rclpy</exec_depend>
<exec_depend>std_msgs</exec_depend>
<exec_depend>trial_interface</exec_depend>
```

ここまで準備して、パッケージ trial_service をビルドします。

```
$ cd ~/trial_ws
$ colcon build --packages-select trial_service
```

2つ新しいターミナルを開いて、それぞれに

```
$ source /opt/ros/foxy/setup.bash
$ cd ~/trial_ws
$ . install/setup.bash
```

先に server のコマンドを打ち込むと待機状態になります。

```
$ ros2 run trial_service server
```

もう一方のターミナルに、client コマンドを打ち込むと log が表示されます。

```
$ ros2 run trial_service client 3 4 5
```

server 側が受け取ったリクエストをモニタに出します。

```
[INFO] [1601112778.176047246] [trial_server]: Incoming request
x: 3 y: 4 z: 5
```

続いて、client 側が、受け取った結果をモニタに示します。

```
[INFO] [1601112778.193324194] [trial_client]: Result of square sum: 3^2 + 4^2 + 5^2 = 50
```

## 4-5 パラメータ

　パラメータを使うと初期の値を途中から変更することができます。メッセージの初期値をコマンドラインから変更することができます。ここでは、初期値に文字列 Tokyo を指定して、途中 TYO に変更をしてみます。実際にコードを書いていきます。パッケージの名前を trial_parameter とします。ノードを trial_param_publisher とします。最初のパラメータの値を Tokyo とします。コマンドラインからの入力をつかって Tokyo を別の文字列に置き換えます。

　新しいターミナルを開き、ROS2 の設定をします。

```
$ source /opt/ros/foxy/setup.bash
$ cd ~/trial_ws/src
$ ros2 pkg create --build-type ament_python trial_parameter
```

　同じ名前のディレクトリ trial_parameter に移動して、trial_publisher_parameter.py を作ります。

```
$ cd trial_parameter/trial_parameter
$ touch trial_publisher_parameter.py
$ vim trial_publisher_parameter.py
```

```
trial_publisher_parameter.py
import rclpy
import rclpy.node
from rclpy.exceptions import ParameterNotDeclaredException
from rcl_interfaces.msg import ParameterType

class TrialParam(rclpy.node.Node):
    def __init__(self):
        super().__init__('trial_param_publisher')
        timer_period = 1
        self.timer = self.create_timer(timer_period, self.timer_callback)

        self.declare_parameter("parameter")

    def timer_callback(self):
        initial_param = self.get_parameter("parameter").get_parameter_value().string_value

        self.get_logger().info('This is %s!' % initial_param)

        new_param = rclpy.parameter.Parameter(
            "parameter",
            rclpy.Parameter.Type.STRING,
            "Tokyo"
        )
```

```
        new_parameters = [new_param]
        self.set_parameters(new_parameters)

def main():
    try:
        rclpy.init()
        node = TrialParam()
        rclpy.spin(node)
    except KeyboardInterrupt:
        pass
    finally:
        rclpy.shutdown()

if __name__ == '__main__':
    main()
```

　次の二行はパラメータに関する引用です。パラメータが存在しないときの処理とパラメータの型の処理をします。

```
from rclpy.exceptions import ParameterNotDeclaredException
from rcl_interfaces.msg import ParameterType
```

　つぎに、ノードの定義をして1秒ごとに timer_callback を呼び出し、パラメータを定義します。

```
    def __init__(self):
        super().__init__('trial_param_publisher')
        timer_period = 1
        self.timer = self.create_timer(timer_period, self.timer_callback)

        self.declare_parameter("parameter")
```

　timer_callback では、現在のパラメータをモニタに表示し、パラメータに文字型の Tokyo を入れなおします。

```
    def timer_callback(self):
        initial_param = self.get_parameter("parameter").get_parameter_value().string_value

        self.get_logger().info('This is %s!' % initial_param)

        new_param = rclpy.parameter.Parameter(
            "parameter",
            rclpy.Parameter.Type.STRING,
            "Tokyo"
        )
        new_parameters = [new_param]
        self.set_parameters(new_parameters)
```

main の部分は前回と同じです。

生成された setup.py の変更をします。

```
$ cd ../
$ vim setup.py
```

```
setup.py
from setuptools import setup

package_name = 'trial_parameter'

setup(
    name=package_name,
    version='0.0.0',
    packages=[package_name],
    data_files=[
        ('share/ament_index/resource_index/packages',
            ['resource/' + package_name]),
        ('share/' + package_name, ['package.xml']),
    ],
    install_requires=['setuptools'],
    zip_safe=True,
    maintainer='Your Name',
    maintainer_email='your@email.com',
    description='example of parameter',
    license='Apache License 2.0',
    tests_require=['pytest'],
    entry_points={
        'console_scripts': [
        'param_publisher = trial_parameter.trial_publisher_parameter:main',
        ],
    },
)
```

パッケージの説明の部分を書き直します。

```
    maintainer='Your Name',
    maintainer_email='your@email.com',
    description='Examples of parameter',
    license='Apache License 2.0',
```

次の一行を追加します。

```
        'param_publisher = trial_parameter.trial_publisher_parameter:main',
```

また、package.xml の変更をします。

```
$ vim package.xml
```

```
package.xml
<?xml version="1.0"?>
<?xml-model href="http://download.ros.org/schema/package_format3.xsd" schematypens="http://
www.w3.org/2001/XMLSchema"?>
<package format="3">
  <name>trial_parameter</name>
  <version>0.0.0</version>
  <description>example of parameter</description>
  <maintainer email="your@email.com">Your Name</maintainer>
  <license>Apache License 2.0</license>

  <test_depend>ament_copyright</test_depend>
  <test_depend>ament_flake8</test_depend>
  <test_depend>ament_pep257</test_depend>
  <test_depend>python3-pytest</test_depend>

  <export>
    <build_type>ament_python</build_type>
    <exec_depend>rclpy</exec_depend>
  </export>
</package>
```

パッケージの説明を書きます。

```
    <description>Examples of parameter</description>
    <maintainer email="your@email.com">Your Name</maintainer>
    <license>Apache License 2.0</license>
```

１行だけですが追加をします。

```
<exec_depend>rclpy</exec_depend>
```

パッケージ trial_parameter をビルドします。

```
$ cd ~/trial_ws
$ colcon build --packages-select trial_parameter
```

２つ新しいターミナルを開いて、それぞれに

```
$ source /opt/ros/foxy/setup.bash
$ cd ~/trial_ws
$ . install/setup.bash
```

trial_parameter.py を実行します。

```
$ ros2 run trial_parameter param_publisher
```

```
[INFO] [1601160402.697066906] [trial_param_publisher]: This is !
[INFO] [1601160403.678588468] [trial_param_publisher]: This is Tokyo!
[INFO] [1601160404.678669541] [trial_param_publisher]: This is Tokyo!
[INFO] [1601160405.678755772] [trial_param_publisher]: This is Tokyo!
[INFO] [1601160406.678722492] [trial_param_publisher]: This is Tokyo!
[INFO] [1601160407.678737748] [trial_param_publisher]: This is Tokyo!
[INFO] [1601160408.678749685] [trial_param_publisher]: This is Tokyo!
                                 :
                                 :
```

最初、パラメータには何も入っていませんでしたが、1秒ごとに Tokyo がモニタに表示されます。

次に、もう一方のターミナルで、現在のパラメータの名称を調べます。

```
$ ros2 param list
```

```
/trial_param_publisher:
  parameter
  use_sim_time
```

そして、パラメータの内容を変更します。ノードの名前、パラメータの名前、変える内容を示します。

```
$ ros2 param set /trial_param_publisher parameter TYO
```

```
Set parameter successful
```

publisher 側のターミナルにコマンドラインの入力に同期してパラメータが TYO 変わり、また、Tokyo が上書きされ、1秒ごと繰り返されます。

```
                                 :
                                 :
[INFO] [1601160422.683268523] [trial_param_publisher]: This is Tokyo!
[INFO] [1601160423.679396818] [trial_param_publisher]: This is Tokyo!
[INFO] [1601160424.678367899] [trial_param_publisher]: This is TYO!
[INFO] [1601160425.678791518] [trial_param_publisher]: This is Tokyo!
[INFO] [1601160426.678629958] [trial_param_publisher]: This is Tokyo!
                                 :
                                 :
```

## 4－6　ローンチ

　ローンチはいくつかのノードを同時に実行するときに使います。これまでは、ノードを作る実行ファイルを個別に立ち上げていました。また、ローンチを使ってノードを立ち上げる際にパラメータを同時に送ることができます。このふたつについて説明をします。

　まず同時に実行をする場合です。パッケージの名前を trial_launch にします。

```
$ source /opt/ros/foxy/setup.bash
$ cd ~/trial_ws/src
$ ros2 pkg create --build-type ament_python trial_launch
```

　作ったディレクトリ trial_launch に移り、launch ディレクトリを作り、その中に launch.py の末尾を持ったファイルを作ります。

```
$ cd trial_launch
$ mkdir launch
$ cd launch
$ touch trial_launch.launch.py
$ vim trial_launch.launch.py
```

```
trial_launch.launch.py
import launch
import launch.actions
import launch.substitutions
import launch_ros.actions


def generate_launch_description():
    return launch.LaunchDescription([
        launch_ros.actions.Node(
            package='trial_topic', executable='publisher', output='screen'),
        launch_ros.actions.Node(
            package='trial_topic', executable='subscriber', output='screen'),
    ])
```

　いくつかのファイルを引用した後で、立ち上げたいノードをパッケージ名、ノード名、log の表示を指定します。パッケージ trial_topic、ノード publisher,log をモニタに表示するというようにします。

```
def generate_launch_description():
    return launch.LaunchDescription([
        launch_ros.actions.Node(
            package='trial_topic', executable='publisher', output='screen'),
        launch_ros.actions.Node(
            package='trial_topic', executable='subscriber', output='screen'),
    ])
```

setup.py を書き換えます。

```
$ cd ../
$ vim setup.py
```

```
setup.py
import os
from glob import glob
from setuptools import setup

package_name = 'trial_launch'

setup(
    name=package_name,
    version='0.0.0',
    packages=[package_name],
    data_files=[
        ('share/ament_index/resource_index/packages',
            ['resource/' + package_name]),
        ('share/' + package_name, ['package.xml']),
        (os.path.join('share', package_name), glob('launch/*.launch.py'))
    ],
    install_requires=['setuptools'],
    zip_safe=True,
    maintainer='Your Name',
    maintainer_email='your@email.com',
    description='example of launch',
    license='Apache License 2.0',
    tests_require=['pytest'],
    entry_points={
        'console_scripts': [
        ],
    },
)
```

パッケージの説明の部分を書き直します。

```
    maintainer='Your Name',
    maintainer_email='your@email.com',
    description='Examples of launch',
    license='Apache License 2.0',
```

最初の2行を追加します。

```
import os
from glob import glob
```

　そして、data_files に一行追加します。launch ファイルは末尾を _launch.py とすることもあります。その場合は *_launch.py としますが、ここでは *.launch.py にします。

```
    (os.path.join('share', package_name), glob('launch/*.launch.py'))
```

package.xml はパッケージの説明を書き換えてください。

```
$ vim package.xml
```

```
package.xml
<?xml version="1.0"?>
<?xml-model href="http://download.ros.org/schema/package_format3.xsd" schematypens="http://www.w3.org/2001/XMLSchema"?>
<package format="3">
  <name>trial_launch</name>
  <version>0.0.0</version>
  <description>Example of launch</description>
  <maintainer email="your@email.com">Your Name</maintainer>
  <license>Apache License 2.0</license>

  <test_depend>ament_copyright</test_depend>
  <test_depend>ament_flake8</test_depend>
  <test_depend>ament_pep257</test_depend>
  <test_depend>python3-pytest</test_depend>

  <export>
    <build_type>ament_python</build_type>
  </export>
</package>
```

パッケージ trial_launch をビルドします。

```
$ cd ~/trial_ws
$ colcon build --packages-select trial_launch
```

新しいターミナルを開いて、そこに

```
$ source /opt/ros/foxy/setup.bash
$ cd ~/trial_ws
$ . install/setup.bash
```

入力をして、launch を実行します。

```
$ ros2 launch trial_launch trial_launch.launch.py
```

```
[INFO] [launch]: All log files can be found below /home/uchikoba/.ros/log/2020-09-28-
09-31-37-287608-user-4450
[INFO] [launch]: Default logging verbosity is set to INFO
[INFO] [publisher-1]: process started with pid [4452]
[INFO] [subscriber-2]: process started with pid [4454]
[publisher-1] [INFO] [1601253100.246597424] [trial_publisher]: Publishing, "Hello! 0"
[subscriber-2] [INFO] [1601253100.246841524] [trial_subscriber]: Subscribed, "Hello! 0"
[publisher-1] [INFO] [1601253101.196639233] [trial_publisher]: Publishing, "Hello! 1"
[subscriber-2] [INFO] [1601253101.197092009] [trial_subscriber]: Subscribed, "Hello! 1"
[publisher-1] [INFO] [1601253102.196662934] [trial_publisher]: Publishing, "Hello! 2"
[subscriber-2] [INFO] [1601253102.197120910] [trial_subscriber]: Subscribed, "Hello! 2"
[publisher-1] [INFO] [1601253103.196722324] [trial_publisher]: Publishing, "Hello! 3"
[subscriber-2] [INFO] [1601253103.197216242] [trial_subscriber]: Subscribed, "Hello! 3"
[publisher-1] [INFO] [1601253104.196708470] [trial_publisher]: Publishing, "Hello! 4"
[subscriber-2] [INFO] [1601253104.197182861] [trial_subscriber]: Subscribed, "Hello! 4"
[publisher-1] [INFO] [1601253105.166601975] [trial_publisher]: Publishing, "Hello! 5"
[subscriber-2] [INFO] [1601253105.196966494] [trial_subscriber]: Subscribed, "Hello! 5"
                              :
                              :
```

ターミナルに Ctrl+C を入れて処理を終了し、ターミナルを閉じます。

次にローンチを使ってパラメータを変更する方法を説明します。ここでは、パッケージ trial_parameter の param_publisher (trial_publisher_parameter.py) のパラメータを変更します。パッケージ trial_launch_parameter に作っていきます。新しいターミナルを開きます。

```
$ source /opt/ros/foxy/setup.bash
$ cd ~/trial_ws/src
$ ros2 pkg create --build-type ament_python trial_launch_parameter
```

作ったディレクトリ trial_launch_parameter に移り、launch ディレクトリを作り、その中に launch.py の末尾をを持ったファイルを作ります。

```
$ cd trial_launch_parameter
$ mkdir launch
$ cd launch
$ touch trial_launch_parameter.launch.py
$ vim trial_launch_parameter.launch.py
```

```
trial_launch_parameter.launch.py
from launch import LaunchDescription
from launch_ros.actions import Node

def generate_launch_description():
    return LaunchDescription([
        Node(
```

```
            package="trial_parameter",
            executable="param_publisher",
            name="custom_parameter_node",
            output="screen",
            emulate_tty=True,
            parameters=[
                {"parameter": "Tokyo Publisher"}
            ]
        )
    ])
```

　変更したいパラメータのあるパッケージ名、ノード名、パラメータ名を指定して、log の表示方法を指定します。ここでは、Tokyo Publisher に変更をします。

```
            package="trial_parameter",
            executable="param_publisher",
            name="custom_parameter_node",
            output="screen",
            emulate_tty=True,
            parameters=[
                {"parameter": "Tokyo Publisher"}
```

setup.up の書き換えをします。

```
$ cd ../
$ vim setup.py
```

```
setup.py
import os
from glob import glob
from setuptools import setup

package_name = 'trial_launch_parameter'

setup(
    name=package_name,
    version='0.0.0',
    packages=[package_name],
    data_files=[
        ('share/ament_index/resource_index/packages',
            ['resource/' + package_name]),
        ('share/' + package_name, ['package.xml']),
        (os.path.join('share', package_name), glob('launch/*.launch.py'))
    ],
    install_requires=['setuptools'],
    zip_safe=True,
    maintainer='Your Name',
    maintainer_email='your@email.com',
```

```
        description='example of launch parameter',
        license='Apache License 2.0',
        tests_require=['pytest'],
        entry_points={
            'console_scripts': [
            ],
        },
    )
```

引用ファイルの追加をします。

```
import os
from glob import glob
```

また、中ほどの行を追加します。

```
                (os.path.join('share', package_name), glob('launch/*.launch.py'))
```

パッケージの説明の部分を書き直します。

```
    maintainer='Your Name',
    maintainer_email='your@email.com',
    description='Examples of launch parameter',
    license='Apache License 2.0',
```

さらに、package.xml を書き換えます。これまでと同じです。

```
$ vim package.xml
```

package.xml
```
<?xml version="1.0"?>
<?xml-model href="http://download.ros.org/schema/package_format3.xsd" schematypens="http://
www.w3.org/2001/XMLSchema"?>
<package format="3">
  <name>trial_launch_parameter</name>
  <version>0.0.0</version>
  <description>Example of launch parameter</description>
  <maintainer email="your@email.com">Your Name</maintainer>
  <license>Apache License 2.0</license>

  <test_depend>ament_copyright</test_depend>
  <test_depend>ament_flake8</test_depend>
  <test_depend>ament_pep257</test_depend>
  <test_depend>python3-pytest</test_depend>

  <export>
```

```
    <build_type>ament_python</build_type>
  </export>
</package>
```

パッケージ trial_launch_parameter をビルドします。

```
$ cd ~/trial_ws
$ colcon build --packages-select trial_launch_parameter
```

新しいターミナルを開いて、そこに

```
$ source /opt/ros/foxy/setup.bash
$ cd ~/trial_ws
$ . install/setup.bash
```

入力をして、launch を実行します。

```
$ ros2 launch trial_launch_parameter trial_launch_parameter.launch.py
```

```
[INFO] [launch]: All log files can be found below /home/uchikoba/.ros/log/2020-09-28-
10-00-49-311001-user-4780
[INFO] [launch]: Default logging verbosity is set to INFO
[INFO] [param_publisher-1]: process started with pid [4782]
[param_publisher-1] [INFO] [1601254850.769415034] [custom_parameter_node]: This is
Tokyo Publisher!
[param_publisher-1] [INFO] [1601254851.749474945] [custom_parameter_node]: This is
Tokyo!
[param_publisher-1] [INFO] [1601254852.749489919] [custom_parameter_node]: This is
Tokyo!
[param_publisher-1] [INFO] [1601254853.749628348] [custom_parameter_node]: This is
Tokyo!
[param_publisher-1] [INFO] [1601254854.749575049] [custom_parameter_node]: This is
Tokyo!
                                  :
                                  :
```

最初のメッセージが、Tokyo Publisher! に変わりました。

# 第5章

ROS2を支える
システム

山科が PC に向かって、何かを打ち込んでいましたが、首をかしげながら、不思議そうな顔をしています。

　　山　「島田さん、変なんです。エラーばかり出るようになって」
　　島　「ビルドした時にエラーが出て、先に進めないようですね」
　　山　「はい、1回目にプログラムした時には全部うまくいったのですが、少し練習しようと
　　　　　もう一回やったら、エラーが出るようになって…」
　　島　「エラーをチェックしてみましょう。ディレクトリを調べてみます」
　　　　「パッケージが、違うディレクトリに作られていますね」

　様子を見ていた内木場が会話に入りました。

　　内　「ちょっと休憩しませんか、頑張りすぎたようですね。ちょうどいいので、お昼を買い
　　　　　に外に出ませんか」

　山科、島田、内木場が買い物から帰ってきました。研究室のリビングのテーブルには、買ったばかりのドイツパンと焙煎したてのコーヒー豆が置かれました。山科が器用にパンを一口大にカットしています。島田はコーヒー豆をハンドミルで粉に挽いています。内木場はドリッパーの準備です。しばらくすると 3 人分のランチの用意ができました。パンとコーヒーのいい香りが漂っています。

　　内　「エラーは、時間のある時に直しましょう。今回は座学です。食事をしながら勉強をし
　　　　　ましょう」
　　山　「ROS2 の仕組みについて勉強でしたね」
　　内　「そうです。いままでは、使い方とか、プログラムの仕方とかを勉強してきましたけれど、
　　　　　少し角度を変えて、ROS2 の中身を見て ROS2 がどのように動作するのかということ
　　　　　を調べてみます」
　　島　「ROS2 はよく使いますが、中身はあまり気にしていませんでした」
　　内　「ROS2 の中身については、知らなくてもあまり困ることはないでしょう。でも、中身
　　　　　について知っていれば、例えば、ある操作をしたときに、ROS2 の中では今どういう
　　　　　ことをしているのかがわかります」
　　島　「どう動いているか、知りたくなってきました」
　　内　「それと、より深くシステムを理解することができれば、精度の良い、安定したシステ
　　　　　ムを短期間でつくることにつながります」
　　島　「ROS2 は、いくつかのシステムが多層構造になっていることが特徴でしょうか」
　　内　「そうです。多層構造になっていることです。通信ミドルウェア API、その上にクライ
　　　　　アントライブラリ API、さらに、その上に各言語に対応したライブラリで構成されて
　　　　　います。ROS2 の通信は独自の通信システムを使いません。DDS（Data Distribution

Service for Real-time Systems）という既存のシステムを使います」

　　　「通信ミドルウェア API は DDS を ROS で使うためのインターフェースになります。ク
　　　ライアントライブラリ API はユーザが使うプログラム言語に依存しない共通の部分を
　　　まとめたものです。その上に各言語に対応するインターフェース層を配置しています。
　　　そうすることによって言語間での違いからくるトラブルを防ぐようにしています」

山　「先生、ちょっと難しいです」

島　「では、図に書いてみましょう。OS と DDS の上に通信ミドルウェア API、その上にク
　　　ライアントライブラリ、さらに、言語対応のライブラリ」

山　「あっ、そういうことですか」

内　「ROS2 の通信は、実際には、DDS がしています。DDS では、TCP のようなデータの品
　　　質優先の通信から、UDP のようなスピード優先の通信まで、その間の条件設定をする
　　　ことができます」

　　　「UDP はデータの欠損を補うことをほとんどしないプロトコルです。UDP は、TCP と
　　　比べて信頼性が高くありませんが、速さやリアルタイム性を求める通信に使用されま
　　　す。目的によって通信を使い分けます」

島　「QoS ですね」

内　「そう、QoS です。どうです、一息入れたら、ROS2 の仕組みを島田君と山科さんでもっ
　　　と詳しく調べてみませんか」

島　「山科さん、一緒に詳しく調べてみましょう」

山　「はい、島田さんよろしくおねがいします」

## 5－1　ROS2 のアーキテクチャ

　ROS2 のアーキテクチャで特徴的なのは、ROS2 の構成が多層構造になっていることです。
ソフトウェアコンポーネント同士が互いに情報をやりとりするのに使用するインターフェース
を API と呼びますが、下層には通信ミドルウェア API が置かれています。

　通信ミドルウェア API は通信を行うシステムとのインターフェースです。ユーザは間接的
に通信システムを動かすことになりますが、通信ミドルウェア API が間に入るので、ユーザ
からは通信システムを動かすようには見えません。また、異なるハードウェア、OS との間で
インターフェースを置くことによって、ハードウェア、OS の差を吸収します。

　通信ミドルウェア API の上にクライアントライブラリ API が配置されます。クライアント
ライブラリ API はユーザの使用環境の差を吸収します。さらに、その上に C++ クライアント
ライブラリ、Python クライアントライブラリなどが置かれ、それぞれの言語に対応できるよ
うにしています。このような構造をすることによって、ユーザは言語の違い、また、ハードウ
ェアの違い、さらに、同一 PC 内なのか、他の PC との間なのかを区別することなくノード間
での通信を行うことができます。

通信ミドルウェア API は具体的には ROS2 の rmv インターフェースです。ROS2 では通信システムの DDS を利用しています。DDS についてはこの後詳しく説明をします。rmv は DDS のシステムを ROS2 で使うようにするインターフェースの役目を果たします。実際はユーザから DDS は見えることはなく、rmv が通信を行っているように見えます。仮に、ROS2 が DDS 以外の通信システムを利用するとしたら、該当する通信システムとの間のインターフェースを実装して rmv と同じことをすることになります。

　クライアントライブラリ API は rcl と呼ばれます。さまざまな言語のクライアントライブラリに必要な共通機能を実装するためのものです。この上に言語固有のクライアントライブラリを作成することになりますが、共通機能はすでに rcl に実装されているので各言語のクライアントライブラリではその言語で特有の部分を扱う最小構成で作成できます。また、機能をなるべく rcl で共通に扱うことによって、言語間での動作の差を吸収して安定した動作を保つことができます。

　共通のクライアントライブラリ API の上にさらに置く各言語に対応したクライアントライブラリとして、C++ には rclcpp、Python には rclpy が用意されています。実際にユーザがプログラムを作る際には、ユーザの言語に応じたクライアントライブラリを参照します。C++、Python 以外の言語に対応した各言語に対応したクライアントライブラリもいくつか公開されています。

　ROS2 はノード間の通信を基本としています。計算機科学の分野でいえばノードを接続し、つなぎ合わせるグラフ理論が基礎になります。抽象的な表現ですが、扱うシステム全体のグラフネットワークにノードが参加する形をとります。ノードはメッセージを publish、subscribe して他のノード間で通信をします。ノードが他の通信相手のノードに伝える内容に当たるのはメッセージですが、メッセージはトピックに publish することで公開され、トピックを subscribe することによって相手が受信する手順を踏みます。この手順は、サービス、アクションも同様です。

　ノード間の通信は DDS で実行されます。ノード間の接続は、分散検出プロセスによって行われます。ノードが開始されると、同じ ROS ドメインを持つネットワーク上の他のノードにその存在をネットワークに定期的にアドバタイズメントします。ある機器が別の機器に管理情報などを伝達することをアドバタイズメントといいます。つまりネットワーク上にノードの存在を定期的に示すことになります。他のノードは、適切な接続を確立してノードが通信できるように、ノードに関する情報を利用して、このアドバタイズメントに応答します。ノードは定期的にその存在をアドバタイズするため、最初の検出期間の後でも、新しく見つかったものとの接続を確立できます。例えば、ある端末で C ++ talker ノードを実行すると、トピックに関するメッセージが publish され、別の端末で実行されている Python リスナーノードは、同じトピックに関するメッセージを subscribe します。これらのノードがお互いを自動的に検出し、

メッセージの交換を開始します。ノードは同一プロセスでも、異なるプロセスでも、また、異なる PC にも設置できます。

## 5－2　DDS と RTPS

　DDS は、分散システムの通信を publish、subscribe を介して行うミドルウェアの仕様のことです。RTPS は通信プロトコルのことです。DDS には RTPS を使用することが規定されています。ROS2 は、ミドルウェアとして DDS 上に設置されて、DDS が通信のシステムを提供します。DDS は、分散検出や通信のさまざまな QoS オプションの制御など、ROS システムに関連する機能を提供します。DDS は、publish/subscribe を使って通信をします。ROS2 では、1 対多の通信を行う publisher、subscriber 通信をしますが、DDS では受信者全員への送信をするマルチキャストが備わっています。ROS2 の通信機能のほとんどは DDS が提供するものを使っています。

　DDS の 主 な 構 成 要 素 に は、DDS Publisher、DDS DataWriter、DDS Subscriber、DDS DataReader があります。DDS Publisher はデータ配信を行います。DDS DataWriter はアプリケーションが publisher と通信する際に特定の型のデータをつくります。DDS Subscriber は publish されたデータを受信し、アプリケーションが利用できるようにします。DDS DataReader は subscriber に付属して、受信データにアプリケーションがアクセスできるようにします。

　DDS は、メッセージの定義とシリアル化に Object Management Group（OMG）で定義されているインターフェース記述言語（IDL）を使用します。DDS の publish/subscribe 通信を使用するために必要な、DDS が提供するデフォルトの検出システムは、分散型検出システムです。そのため、特定のマスターのようなツールを必要とせずに、任意の 2 つの DDS プログラムが通信できるようになります。

　ROS2 では DDS が行うことをあたかも ROS2 が行っているかのようにユーザ側からすべての DDS 固有の API とメッセージ定義などを見えなくしています。DDS は、検出、メッセージ定義、メッセージを通信に用いるデータ列に変換するシリアル化、および publish/subscribe 通信を提供します。したがって、DDS は、ROS2 の基本になる検出、publish/subscribe 通信、およびメッセージシリアル化を行います。ROS2 は、DDS の上に rmv インターフェースを配して、ユーザに DDS の複雑さの多くを隠しますが、特殊なケースでは、ユーザに、基盤となる DDS 実装へのアクセスを許す場合もあります。

## 5－3　通信のサービス品質（QoS）

　DDS はデフォルトで UDP に設定されているため、ROS2 でも、デフォルトで UDP によって通信します。UDP 通信は TCP 通信と違い確認応答、順序制御、再送制御、ウインドウ制御、フロー制御などの機能はなく、ほとんど何もしないプロトコルです。UDP は、TCP と比べて信頼性が高くはありませんが、速さやリアルタイム性を求める通信に使用される通信方法です。DDS で通信を行う際に様々な QoS ポリシーを調整することができます。ROS2 の通信では

DDS の QoS を利用します。送信データを受信側に欠損なく届けるように調整することもできるし、データを欠損してもよいので処理を高速にすることもできます。データの欠損を許し、質を犠牲にすることによって、通信が滞ることを防ぐことができます。QoS ポリシーを適切に調整できれば、ROS2 では TCP と同じくらい信頼性が高い状態から、UDP と同じくらい高速な状態までを得ることができます。QoS の調整は、publisher、subscriber、サービスサーバ、およびクライアントに対して指定できます。ただし、異なる条件が与えられている場合、接続されない可能性があります。

　もともとの ROS2 では、QoS ポリシーには、History、Depth、Reliability、Durability についてのポリシーがありました Eloquent Elusor 以降ではさらにいくつかの項目が加わりました。それぞれのポリシーの項目についてオプションを選び、QoS を調整しますが、デフォルトケースがいくつか用意されています。publisher と subscriber についてのデフォルトでは、ROS1 との互換性をとるために ROS1 とほぼ同等になるようにしています。History は keep last、Reliability は reliable、Durability は volatile にしてあります。サービスでは Durability は volatile にして、サーバが古い要求を受信しないようにしてあります。センサデータの通信ではリアルタイムのセンサデータが重要になります。そのため、Depth ポリシーでのキューは小さくとり、Reliability ポリシーでは Best-Effort とします。パラメータの場合、サービスに基づいているために似たようなプロファイルを持っています。ただし、Depth ポリシーのキューサイズを調整して大きなキューサイズを扱えるようにしています。

# 第6章

ROS2を
拡張するツール

山科と内木場が PC の前で話をしています。

内 「山科さん、エラーはどうなりました」

山 「パッケージを間違ったディレクトリに作っていたようです。パッケージを一回デリートして、やり直したらエラーが出なくなりました」

内 「それは、よかったですね。ROS2 の仕組もわかったし、構造もわかるようになりましたね。今回は、ROS2 の拡張ツールについて勉強をしましょう」

山 「拡張ツールというと何かプラグインみたいなものですか」

内 「そういうのもありますが、ROS2 をもっと有効に使いこなすソフト全般のことです。ROS2 のプログラムの開発を支援するツールもありますが、例えば、ナビゲーションやディジタル地図作成のようにロボットシステムに新しい機能を付け足すものもあります」

山 「ずいぶんいろいろなものがあるようですね」

内 「ROS2 用には多くのツールが公開されています。その中には ROS2 が正式に提供しているものがあります。RQt、rosbug2、RViz 2 は ROS2 の Desktop バージョンに含まれます」

「改めてインストールせずにそのまま使うことができます。もともと ROS2 の前のバージョンの ROS で使われたいたものを ROS2 に合わせて改訂をしています」

山 「Desktop って、この PC にいれたバージョンですね。確か、インストールオプションに Desktop を付けましたよね」

内 「よく覚えていますね」

「Desktop バージョンに入っているものは主にプログラム開発を支援するものです。例えば、RQt は ROS2 に GUI 環境を提供するものです。ROS2 でのシステム開発はほとんどが CUI ベースで進めていきます。ですが、ノードの連結が複雑な場合、システムの開発が難しくなります。RQt を使えば、ノード間の結合の様子を地図のように見ることができます」

「rosbug2 では ROS2 で使われるトピックを記録、再生します。そのときに、publish されたメッセージもそのまま記録、再生されます。例えば、センサのデータによってロボットを調整することはよくあると思います。その場合、センサデータをトピックの形式で記録、再生できることは大変便利です」

山 「トピックの記録再生ができるなんて、なんか不思議ですね」

内 「不思議に思うかもしれませんが、実際にできて、とても便利なツールです。そのほか、RViz 2 というのがあります。ROS2 データからロボットの 3 次元的な動きとか動画などグラフィックを扱うものです」

山 「あとからインストールするツールもあるのですか？」

内 「あります。ツールというより本格的なアプリと言ってもいいかもしれません。ROS1 の時に開発されて、便利に使われていたものが多くあります。Navigation、Cartographer、Gazebo などです」

「Navigation 2 はロボットの自己位置推定と目的地への経路計画をつくります。Cartographer はロボット周囲のディジタル地図を作製します。Gazebo は周りの環境を

　　3Dで設定して、ロボットをシミュレーションします。あとでもう少し紹介します」

山　「いろいろなものがあるのですね」

内　「今のは代表的なもので、もう少しありますが、機会があれば調べてみてください」
　　「さあ、実際に、Desktop バージョンに付属している RQt、rosbug2、RViz 2 について操
　　作してみましょう」

山　「はいわかりました。よろしくお願いします」

## 6－1　RQt

　ROS2 は、これまで見てきたとおり CUI をベースにしています。ですが、ある程度の操作は
GUI ベースで行うことができます。RQt は ROS2 の GUI プラットホームを提供するためのも
のです。RQt を立ち上げるとウインドウが現れ、Plugin にはいくつかの機能がすでに用意され
ています。ユーザが独自に Plugin を作り、追加することもできます。

```
$ source /opt/ros/foxy/setup.bash
$ rqt
```

　初回の起動時にはブランクですが、Plugins メニューから Services > Service Caller を選択する
と次のような画面が現れます。

ノードを可視化するための Plugin を実際に動作させます。それぞれ、新しいターミナルを開き、デモプログラムの talker と listener ノードを立ち上げます。

```
$ source /opt/ros/foxy/setup.bash
$ ros2 run demo_nodes_py talker

$ source /opt/ros/foxy/setup.bash
$ ros2 run demo_nodes_py listener
```

　ノードがメッセージのやり取りを始めたら、RQt のメニューから Plugins>Introspection>Node Graph を選択します。

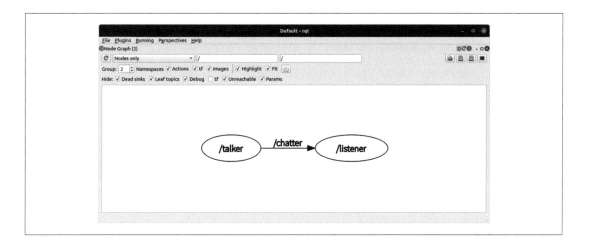

　ウインドウが追加され、ノードとトピックの関係が図示されます。

## 6 − 2　rosbag2

　rosbag2 を使ってトピックを記録、また再生をすることができます。トピックを記録できるということは、例えば、外部の状況をセンシングしたデータを記録し、改めて、センシングをしないでもそのデータを使うことができることになります。例えば、次の例では、

```
$ ros2 bag record -o all.bag -a
```

　-o をつけ、ファイルの名前を決めます。ここでは all.bag というファイルに記録することにします。また、-a としてすべてのトピックを記録します。記録したいトピックを指定する場合は次のようにします。

```
$ ros2 bag record -o topic_1_2.bag /topic_1 /topic_2
```

再生は、つぎのようにします。ここでは記録したファイルを all.bag にしています。

```
$ ros2 bag play all.bag
```

実際に、動作をさせてみます。ターミナルを開いて、デモプログラムを起動します。

```
$ source /opt/ros/foxy/setup.bash
$ ros2 run demo_nodes_py talker
```

```
[INFO] [1603699114.371941078] [talker]: Publishing: "Hello World: 0"
[INFO] [1603699115.362497225] [talker]: Publishing: "Hello World: 1"
[INFO] [1603699116.362471366] [talker]: Publishing: "Hello World: 2"
[INFO] [1603699117.362464758] [talker]: Publishing: "Hello World: 3"
[INFO] [1603699118.361300474] [talker]: Publishing: "Hello World: 4"
[INFO] [1603699119.362486018] [talker]: Publishing: "Hello World: 5"
[INFO] [1603699120.362441891] [talker]: Publishing: "Hello World: 6"
[INFO] [1603699121.362469265] [talker]: Publishing: "Hello World: 7"
[INFO] [1603699122.362482777] [talker]: Publishing: "Hello World: 8"
[INFO] [1603699123.362479131] [talker]: Publishing: "Hello World: 9"
[INFO] [1603699124.362470165] [talker]: Publishing: "Hello World: 10"
[INFO] [1603699125.362476307] [talker]: Publishing: "Hello World: 11"
[INFO] [1603699126.362477626] [talker]: Publishing: "Hello World: 12"
                                   :
                                   :
```

新しい、ターミナルを開いて、記録をします。

```
$ source /opt/ros/foxy/setup.bash
$ ros2 bag record -o all.bag -a
```

```
[INFO] [1603699119.774845952] [rosbag2_storage]: Opened database 'all.bag/all.bag_0.
db3' for READ_WRITE.
[INFO] [1603699119.778567066] [rosbag2_transport]: Listening for topics...
[INFO] [1603699119.778965583] [rosbag2_transport]: Subscribed to topic '/rosout'
[INFO] [1603699119.779237950] [rosbag2_transport]: Subscribed to topic '/parameter_
events'
[INFO] [1603699119.881539930] [rosbag2_transport]: Subscribed to topic '/chatter'
```

記録をやめるには Ctrl+C を入力します。続いて最初のターミナルに Ctrl+C を入力してノードを終了します。次に最初のターミナルで、次のコマンドを入力して litener を待機状態にします。

```
$ ros2 run demo_nodes_py listener
```

再生をしてみます。2つめのターミナルに次のコマンドを入力します。

```
$ ros2 bag play all.bag
```

```
[INFO] [1603699419.949394341] [rosbag2_storage]: Opened database 'all.bag/all.bag_0.
db3' for READ_ONLY.
```

　このとき、トピックが再生されます。待機していた listener が再生されたトピックの進行状況を表示します。記録した分のメッセージが終了すると、また、待機状態になります。

```
[INFO] [1603699420.495617753] [listener]: I heard: [Hello World: 6]
[INFO] [1603699421.486372244] [listener]: I heard: [Hello World: 7]
[INFO] [1603699422.486270869] [listener]: I heard: [Hello World: 8]
[INFO] [1603699423.486243865] [listener]: I heard: [Hello World: 9]
[INFO] [1603699424.486299323] [listener]: I heard: [Hello World: 10]
[INFO] [1603699425.486285706] [listener]: I heard: [Hello World: 11]
[INFO] [1603699426.486223806] [listener]: I heard: [Hello World: 12]
[INFO] [1603699427.486269075] [listener]: I heard: [Hello World: 13]
[INFO] [1603699428.486264684] [listener]: I heard: [Hello World: 14]
```

　再生時に、トピックを確認してみると、トピックが作られていることがわかります。新しいターミナルを開いて、次のコマンドを入力します。

```
$ source /opt/ros/foxy/setup.bash
$ ros2 topic list
```

```
/chatter
/parameter_events
/rosout
```

　再生が終了したときには、トピック chatter がなくなることがわかります。

```
/parameter_events
/rosout
```

　また、再生中にノードが作成されたかどうかを見るために、次のコマンドを入力します。

```
$ ros2 node list
```

```
/listener
```

　talker は出ません。ノードは作成されずにトピックだけが再生されたことがわかります。

## 6－3　RViz 2

　RViz 2 は ROS2 データの3次元可視化を行います。ロボットの位置や姿勢を3次元表示で斜めから観察をすることができます。また、レーザセンサやカメラなどで取得した周りの物体の距離データをもとに3次元表示ができます。デモプログラムの dummy robot demo を RViz 2 で動作させてみましょう。

　ターミナルを開いて、dummy robot を立ち上げます。

```
$ source /opt/ros/foxy/setup.bash
$ ros2 launch dummy_robot_bringup dummy_robot_bringup.launch.py
```

```
[INFO] [launch]: All log files can be found below /home/uchikoba/.ros/log/2020-11-06-
13-40-59-800534-uchikoba-ILe-11471
[INFO] [launch]: Default logging verbosity is set to INFO
[INFO] [dummy_map_server-1]: process started with pid [11473]
[INFO] [robot_state_publisher-2]: process started with pid [11475]
[INFO] [dummy_joint_states-3]: process started with pid [11477]
[INFO] [dummy_laser-4]: process started with pid [11479]
[dummy_laser-4] [INFO] [1604637659.971721683] [dummy_laser]: angle inc:     0.004363
[dummy_laser-4] [INFO] [1604637659.971795509] [dummy_laser]: scan size:     1081
[dummy_laser-4] [INFO] [1604637659.971804507] [dummy_laser]: scan time increment:
0.000028
[robot_state_publisher-2] Parsing robot urdf xml string.
[robot_state_publisher-2] Link single_rrbot_link1 had 1 children
[robot_state_publisher-2] Link single_rrbot_link2 had 1 children
[robot_state_publisher-2] Link single_rrbot_link3 had 2 children
[robot_state_publisher-2] Link single_rrbot_camera_link had 0 children
[robot_state_publisher-2] Link single_rrbot_hokuyo_link had 0 children
[robot_state_publisher-2] [INFO] [1604637659.980010753] [robot_state_publisher]: got
segment single_rrbot_camera_link
[robot_state_publisher-2] [INFO] [1604637659.980085771] [robot_state_publisher]: got
segment single_rrbot_hokuyo_link
[robot_state_publisher-2] [INFO] [1604637659.980093705] [robot_state_publisher]: got
segment single_rrbot_link1
[robot_state_publisher-2] [INFO] [1604637659.980097705] [robot_state_publisher]: got
segment single_rrbot_link2
[robot_state_publisher-2] [INFO] [1604637659.980100989] [robot_state_publisher]: got
segment single_rrbot_link3
[robot_state_publisher-2] [INFO] [1604637659.980104501] [robot_state_publisher]: got
segment world
```

　新しいターミナルを開いて、RVis 2 を実行します.

```
$ source /opt/ros/foxy/setup.bash
$ rviz2
```

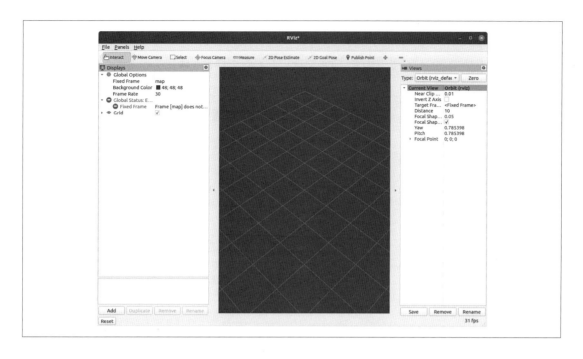

すると GUI 画面が立ち上がります。中央のパネルにデータが表示されます。中央のパネルは、回転、移動、ズームイン、ズームアウトができる 3D 空間です。左側の表示パネルでは、中央のパネルで視覚化するすべての要素を管理します。

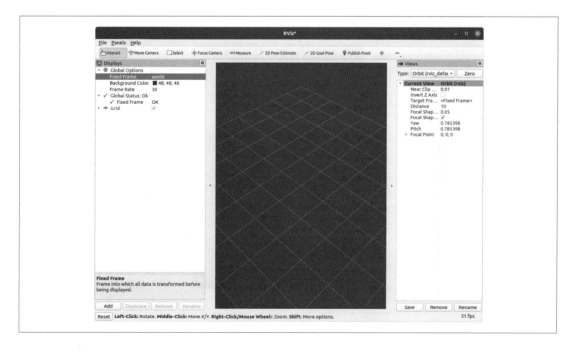

　Global Options から Fixed Frame を反転させ map の部分を world に書き換え、画面左下の add を押します。

　画面下に新しい window がでるので、TF を選択し OK を押します。

座標画面に動いているロボットが表示されます。

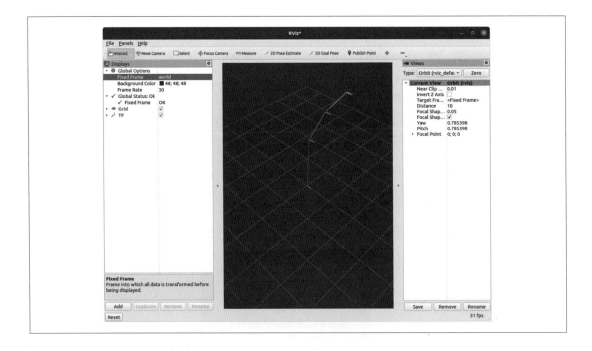

## 6－4　Navigation 2

　Navigation 2 は地図情報を読み込み、センサ情報と比較しながら、ロボットの自己位置推定と目的地への経路計画をつくり、ロボットが目的地まで安全に到達できるようにするためのシステムです。以前に ROS NavigationStack がありましたが、大幅に変更がされています。目的地が動く対象であっても追跡をすることができます。目的地が与えられたときに、経路の計画が示され、仮に障害物がセンサによって検出されれば、モータの速度を計算し回避します。そのとき地図上に障害物を追加します。

　Navigation 2 では、Recovery Server, Controller Server, Planner Server があり、Behavior Tree Navigater Server が全体のコントロールをします。Server には個々のツールがあり、Behavior Tree Navigater Server が Navigation 2 にある個々のサーバを呼び出し、それぞれのツールを利用して順路の計算、制御を実行します。それぞれのサーバのノードと Behavior Tree Navigater Server との通信、また、Navigation 2 のノードとロボットのノードとの間の通信は ROS2 が提供するアクションサーバを利用します。

　Navigation 2 では、次のようなツールが提供されています。マップのロード、提供、および保存をする Map Server、地図上でロボットをローカライズする AMCL、障害物の周りの回避パスを計画する Nav2 Planner、順路をたどるロボットを制御する Nav2 Controller、センサデータをコストマップ表現に変換する Nav2 Costmap 2D、ビヘイビアツリーを使用して複雑なロボットビヘイビアを構築する Nav2 Behavior Trees and BT Navigator、障害が発生した場合の回復動作の計算をする Nav2 Recoveries、シーケンシャルウェイポイントをフォローする Nav2 Waypoint Follower、サーバのライフサイクル遷移状態を管理する Nav2 Lifecycle Manager、独自のカスタムアルゴリズムと動作を有効にするプラグイン Nav2 Core などです。

　提供元の Navigation Plugins のページには、ユーザ独自のカスタムアプリケーションまたはアルゴリズムを作成するためのコストマップレイヤ、プランナ、コントローラ、動作ツリー、およびリカバリプラグインなどの導入に役立つプラグインインターフェースが提供されています。

## 6－5　Cartographer

　Cartographer はロボット周囲のディジタル地図を作製します。地図の作製には SLAM（Simultaneous Localization and Mapping）という技術を使います。地図が提供されていない空間で、ロボットが移動をして、自分の位置と周辺の位置座標を測り、地図を作製していきます。車輪型移動ロボットの車輪回転やステアリングの角度のオドメトリ計算から移動時の自分の位置座標を求め、そこから周囲の角度と距離を LiDAR（Light Detection and Ranging）スキャナなどで測定して連続的に地図を作製していきます。ロボットを移動させながら、周囲を自動的に測定して、地図の作成をすることができます。Cartographer では、オドメトリと慣性計測ユニットなどの複数のセンサと連携して、リアルタイムにロボットの自己位置を推定して、2D と 3D の地

図を提供します。作製した地図は、Navigation 2 などの経路探索システムに使うことができます。

　SLAM では、例えばオドメトリ法では車輪のスリップなど様々な要因で誤差が発生します。この誤差はロボットが移動するごとに蓄積されるために、精度の良い地図を作成するためには様々な補正が必要になります。SLAM 技術を扱うシステムは様々ありますが、Cartographer は誤差の累積が小さくなるような工夫がされています。Scan-to-Map マッチングをスキャン毎に行って自己位置の相対変化を求めることによって、誤差の蓄積を抑えるようにしています。また、汎用的なハードウェアを利用してリアルタイム実行する場合でも、誤差の累積が少なくなるよう、一定の時間間隔で Pose-Graph の最適化をします。さらに、マップを作る過程を、スキャンからサブマップを生成するローカルステップとすべてのスキャン・サブマップ間の最適化を実施するグローバルステップに分けてそれぞれに非線形最適化処理をします。

## 6−6　Gazebo

　Gazebo では、すでに存在するロボットのシミュレーションモデルを利用して、シミュレーション行うことができます。周りの環境を 3D で設定して、ロボットをシミュレーションしながら、最適なロボットの変数条件を決めるのに役に立ちます。すでに、多くの ROS2 で動くロボットが Gazebo でシミュレーションできます。また、自分自身のロボットをモデル化して Gazebo に定義することもできます。そうすることによって、自分自身のロボットをバーチャル空間で動作させることができます。単純にロボットを移動させるだけではなく、搭載するセンサ情報、また、カメラの画像も再現することができます。そこに実際のロボットがあるかのように ROS2 のコマンドを使います。

　Gazebo は独立したスタンドアロンのシステムです。ですが、ROS1 で多くの実績があります。ROS2 への対応は、現在、継続中です。ROS1、ROS2 との統合は gazebo_ros_pkg という橋渡しをするパッケージを使います。ROS1 でできることがすべて ROS2 でできるわけではなく順次適用が進んでいます。Gazebo から同じようなシミュレータ Ignition Acropolis へ移行も伝えられています。

# 第7章

ROS2で使う
ハードウェア

内木場が机の上で、長細いカメラをいじっています。そこに、山科が来ました。

山 「こんにちは、先生、何ですかそのカメラみたいなもの」
内 「こんにちは、山科さん。これ、デプスカメラとトラッキングカメラです」
   「正面から見るといっぱいレンズがついていますよね。デプスカメラは二つのカメラを
   　使ってものをステレオ視して、ものが奥行き方向でどこにあるかを測ります。トラッ
   　キングカメラは、カメラが周りの画像を覚えていて、カメラが動いたときにどの方向
   　にどれだけ動いたかを測ります。カメラの姿勢の変化も追跡します。いろいろなカメ
   　ラがありますが、この二つのカメラには、IMU という慣性センサユニットが入ってい
   　て精度を上げています」
山 「面白いカメラですね。ロボットにつけるといろいろなことができそうですね」
内 「そうです。拡張ツールのところで少し勉強しましたが、ロボットの自己位置推定とか、
   　SLAM のときに便利に使うことができます」
山 「実際にこれをつかってみるのですね」
内 「まず、普通の USB カメラを ROS2 を使って動かしてみます。それから、デプスカメラ、
   　トラッキングカメラを使ってみましょう」
山 「はいわかりました。またプログラムを作るのでしょうか。複雑そうですね」
内 「ROS2 で画像を見るだけならば、とくにプログラムは作りません。ROS2 で使うための
   　ドライバを使います。ドライバを使って画像とか位置座標をメッセージにしてトピッ
   　クで送ります」
   「画像を ROS2 で確かめるためには RQt とか RViz2 を使います。座標データはトピック
   　のメッセージをコマンドラインから直接見ることができます」
山 「はいわかりました」
内 「それから、そのあとで、ROS2 が動かすハードウェアについて全体的に勉強をしましょ
   　う。ROS2 が動かすものにはどういうものがあるのかということです」
   「ハードウェアを動かすためにはドライバが必要です。多くのハードウェアは ROS1 の
   　ドライバを公開しています。ですが、現状では、ROS2 向けドライバを提供している
   　ハードウェアは限られています」
山 「やっぱり、まだまだ、ROS1 がメインなのですね」
内 「ROS1 が主流です。でも、ROS2 に対応する楽しみなハードウェアが増えてきました。
   　ROS2 に対応しているカメラ、レーザ LiDAR、IMU、GPS を挙げてみます。これらに
   　ついて勉強をしてみましょう」
山 「はい、わかりました。頑張ります。」

　本書では、いくつかの使用例をハードウェアに対応したパッケージを利用して示しました。
Ubuntu のバージョン、ROS2 のディストリビューションへの対応するために、ドライバは頻繁
に更新されています。使用に当たってはアップデートの状況をチェックする必要があります。

## 7－1　USB カメラ

　ロボットにカメラを搭載して、画像を取り込むことができれば非常に便利です。ROS2 を使えば、動画、静止画で、3D など多くのカメラと接続をすることができます。例えば、画像処理システムの OpenCV との組み合わせをすることによってさまざまな活用が期待できます。さらに、Caffe、TensorFlow など、Deep Larning による物体検出や画像判定にまで拡張をすることもできます。

　一般的な USB カメラには、ROS2 用のパッケージがいくつかあります。ここでは、v4l2_camera を使って説明をします。手順は https://index.ros.org/r/v4l2_camera/gitlab-boldhearts-ROS2_v4l2_camera/#foxy に示されています。

　インストールは次のようにします。

```
$ sudo apt-get install ros-foxy-v4l2-camera
```

```
パッケージリストを読み込んでいます ... 完了
依存関係ツリーを作成しています
状態情報を読み取っています ... 完了
以下のパッケージが自動でインストールされましたが、もう必要とされていません：
  libfprint-2-tod1 libllvm9
これを削除するには 'sudo apt autoremove' を利用してください。
以下の追加パッケージがインストールされます：
  ros-foxy-camera-calibration-parsers ros-foxy-camera-info-manager
以下のパッケージが新たにインストールされます：
  ros-foxy-camera-calibration-parsers ros-foxy-camera-info-manager
  ros-foxy-v4l2-camera
アップグレード： 0 個、新規インストール： 3 個、削除： 0 個、保留： 3 個。
247 kB のアーカイブを取得する必要があります。
この操作後に追加で 1,143 kB のディスク容量が消費されます。
続行しますか？ [Y/n]
```

　USB カメラを接続して、v4l2_camera を起動します。

```
$ source /opt/ros/foxy/setup.bash
$ ros2 run v4l2_camera v4l2_camera_node
```

```
[INFO] [1612491257.844148243] [v4l2_camera]: Driver: uvcvideo
[INFO] [1612491257.844402944] [v4l2_camera]: Version: 329746
[INFO] [1612491257.844447297] [v4l2_camera]: Device: 3D Webcam: 3D Webcam
[INFO] [1612491257.844471645] [v4l2_camera]: Location: usb-0000:00:14.0-7
[INFO] [1612491257.844499572] [v4l2_camera]: Capabilities:
[INFO] [1612491257.844524119] [v4l2_camera]:   Read/write: NO
[INFO] [1612491257.844543765] [v4l2_camera]:   Streaming:  YES
[INFO] [1612491257.844572171] [v4l2_camera]: Current pixel format: YUYV @ 640x480
```

```
[INFO] [1612491257.860837486] [v4l2_camera]: Available pixel formats:
[INFO] [1612491257.860925451] [v4l2_camera]:    YUYV - YUYV 4:2:2
[INFO] [1612491257.860956461] [v4l2_camera]: Available controls:
[INFO] [1612491257.861464891] [v4l2_camera]:    Brightness (1) = 0
[INFO] [1612491257.862022705] [v4l2_camera]:    Contrast (1) = 33
[INFO] [1612491257.862541664] [v4l2_camera]:    Saturation (1) = 50
[INFO] [1612491257.863044769] [v4l2_camera]:    Hue (1) = 0
[INFO] [1612491257.863136838] [v4l2_camera]:    White Balance Temperature, Auto (2) = 1
[INFO] [1612491257.863695727] [v4l2_camera]:    Gamma (1) = 100
[INFO] [1612491257.864215938] [v4l2_camera]:    Power Line Frequency (3) = 1
[INFO] [1612491257.864802051] [v4l2_camera]:    White Balance Temperature (1) = 4600
[INFO] [1612491257.865383518] [v4l2_camera]:    Sharpness (1) = 3
[INFO] [1612491257.865872581] [v4l2_camera]:    Backlight Compensation (1) = 0
[ERROR] [1612491257.874143766] [v4l2_camera]: Failed setting value for control White
Balance Temperature to 4600: Invalid argument (22)
[INFO] [1612491257.875581115] [v4l2_camera]: Starting camera
[INFO] [1612491258.446671709] [v4l2_camera]: using default calibration URL
[INFO] [1612491258.446812789] [v4l2_camera]: camera calibration URL: file:///home/
uchikoba/.ros/camera_info/3d_webcam:_3d_webcam.yaml
[ERROR] [1612491258.446999071] [camera_calibration_parsers]: Unable to open camera
calibration file [/home/uchikoba/.ros/camera_info/3d_webcam:_3d_webcam.yaml]
[WARN] [1612491258.447044589] [v4l2_camera]: Camera calibration file /home/uchikoba/.
ros/camera_info/3d_webcam:_3d_webcam.yaml not found
```

　ワーニングが出ますが、カメラの設定に関することなので、今のところはそのまま進めます。どのようなトピックがあるのかを確認します。新しいターミナルを開き、

```
$ source /opt/ros/foxy/setup.bash
$ ros2 topic list
```

```
/camera_info
/image_raw
/parameter_events
/rosout
```

　画像を RQt を使ってモニタします。

```
$ ros2 run rqt_image_view rqt_image_view
```

　左上の image view の下に、画像データのトピック /image_raw を入力します。

USBカメラで撮影した画像がストリーミング流れていることが確認できます。

## ７－２　デプスカメラ、トラッキングカメラ

　インテルはデプスカメラ、トラッキングカメラを RealSense ブランドでシリーズ化していま
す。RealSense はロボット専用に開発されているものではないので、ロボットへ搭載するため
には、工夫が必要です。ですが、ROS2 で使うためのドライバが公開され、また、汎用で一般
向けのため、価格も手ごろです。そのほか Astra、Spinnaker、ZED などのカメラがあって、そ
れぞれ、ROS2 で使うためのドライバが公開されています。

　RealSense のデプスカメラを実際に扱ってみます。RealSense のデプスカメラには D435、
D435i、D455 などがあります。慣性運動を測定する IMU ユニットの搭載、非搭載、有効測定
距離の違いなどあります。また、USB ポートは USB3 を使います。ここでは、D435i を実際に
使った例を示します。PC は Ubuntu 20.04LTS のシステムに ROS2　Foxy がすでにインストー
ルされているものを使います。

　まず、Ubuntu 上で RealSense が動作するようにします。そのために SDK 2.0 をインストール
します。詳細は https://github.com/IntelRealSense/librealsense/blob/master/doc/distribution_linux.md
に掲載されています。

ターミナルを開いて、公開鍵を登録します。長いですが 1 行です。

```
$ sudo apt-key adv --keyserver keys.
gnupg.net --recv-key F6E65AC044F831AC80A06380C8B3A55A6F3EFCDE || sudo apt-key adv --keyserver
hkp://keyserver.ubuntu.com:80 --recv-key F6E65AC044F831AC80A06380C8B3A55A6F3EFCDE
```

サーバにリポジトリリストを登録します。

```
$ sudo add-apt-repository "deb https://librealsense.intel.com/Debian/apt-repo $(lsb_release
-cs) main" -u
```

ライブラリをインストールします。

```
$ sudo apt-get install librealsense2-dkms
$ sudo apt-get install librealsense2-utils
```

オプションとしてですが、開発用、デバック用のパッケージをインストールします。

```
$ sudo apt-get install librealsense2-dev
$ sudo apt-get install librealsense2-dbg
```

　ここまで終了したら RealSense D435i を接続します。そして、次のコマンドで RealSense Viewer を立ち上げます。

```
$ realsense-viewer
```

　立ち上がったら、左上に Intel RealSense D435i のウインドウがあることを確認します。ウインドウの中の Stereo Module と RGB Camera のスイッチを on にします。右上の表示モードを 3D から 2D に切り替えるとそれぞれのストリーミング画像が並べて表示されます。

　Ubuntu での動作が確認できたので、ROS2 で動作ができるようにします。そのために、RealSense の ROS2 ラッパーを使います。詳細は https://github.com/IntelRealSense/realsense-ros/tree/foxy に掲載されています。念のため、Realsense Viewer を終了し、D435i を USB ポートからはずします。

　ROS2 のワークスペースを作り、その中で、必要なファイルをインストールして colcon を使ってビルドをする ROS2 の手順をとります。

　ターミナルを開き ROS2 の環境を読み込みます。

```
$ source /opt/ros/foxy/setup.bash
```

ros2_ws というワークスペースとそのなかにディレクトリ src をつくり、移動します。

```
$ mkdir -p ~/ros2_ws/src
$ cd ~/ros2_ws/src/
```

wrapper をクローンします。

```
$ git clone https://github.com/IntelRealSense/realsense-ros.git -b foxy
```

ros2_ws に移動して、依存パッケージをインストールします。

```
$ cd ~/ros2_ws
$ sudo apt-get install python3-rosdep -y
```

```
$ sudo rosdep init
$ rosdep update
$ rosdep install -i --from-path src --rosdistro $ROS_DISTRO -y
```

colcon を使ってビルドします。

```
$ colcon build
```

```
Starting >>> realsense2_camera_msgs
Finished <<< realsense2_camera_msgs [3.53s]
Starting >>> realsense2_camera
Starting >>> realsense2_description
Finished <<< realsense2_description [0.59s]
Finished <<< realsense2_camera [17.7s]


Summary: 3 packages finished [21.3s]
```

エラーが出なければ、次のコマンドを入力して、ワークスペースの環境を読込みます。

```
$ . install/local_setup.bash
```

ここで、RealSense D435i を USB ポートにつなぎ、ローンチで実行します。

```
$ ros2 launch realsense2_camera rs_launch.py
```

以下のようなメッセージが出て、D435i のノードが立ち上がったことが表示されます。

```
[realsense2_camera_node-1] [INFO] [1611912506.963835311] [RealSenseCameraNode]:
RealSense Node Is Up!
```

新しいターミナルを立ち上げ、実際にどのようなノードが立ち上がったか調べてみます。

```
$ source /opt/ros/foxy/setup.bash
$ ros2 topic list
```

```
/camera/color/camera_info
/camera/color/image_raw
/camera/depth/camera_info
/camera/depth/color/points
```

```
/camera/depth/image_rect_raw
/camera/extrinsics/depth_to_color
/camera/extrinsics/depth_to_infra1
/camera/extrinsics/depth_to_infra2
/camera/infra1/camera_info
/camera/infra1/image_rect_raw
/camera/infra2/camera_info
/camera/infra2/image_rect_raw
/camera/parameter_events
/parameter_events
/rosout
/tf
/tf_static
```

次に画像を見てみます。別のターミナルを開いて RViz 2 を立ち上げます。

```
$ source /opt/ros/foxy/setup.bash
$ rviz2
```

RGB 画像の表示をします。画面左の Displays のなかの Global Options の Fixed Frame の右欄を camera_color_optical_frame に変更します。左下の Add ボタンを押して立ち上がったウインドウの By display type のタブから Image を選択して OK を押します。Displays の中に Image の項目が追加されます。追加された Image の Topic を Topic list で調べた、/camera/color/image_raw に変更します。また、Reliability Policy を Reliable から Best Effort に変更します。RGB 画像が Image 項目の下に表示されます。

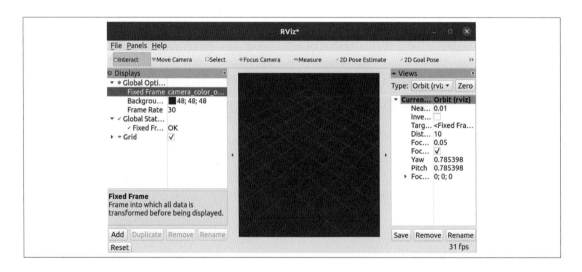

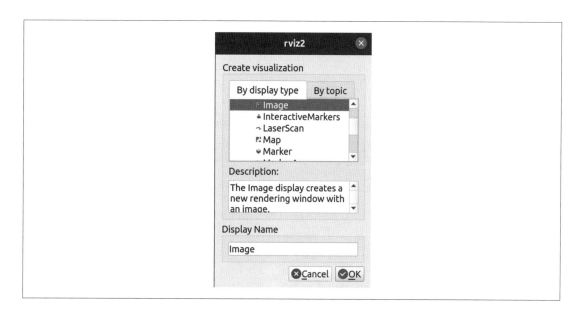

　Depth 画像は同様に Add ボタンで Image を追加して Topic の右側の空欄にノード /camera/
depth/image_rect_raw を入れて同じように Reliability Policy を Reliable から Best Effort に変更に
します。適宜画像を選び、それぞれの画像を移動して、適当な大きさに変更して、見比べます。

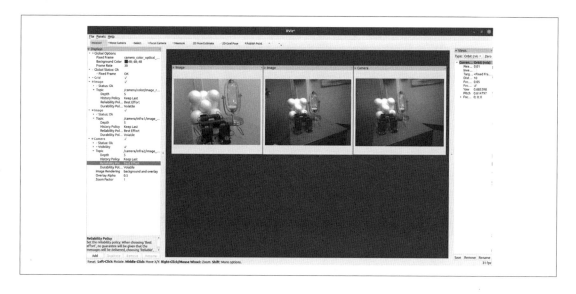

　トラッキングカメラ T265 を試してみます。すでに、SDK 2.0 はインストールされています。
新しいターミナルを開いて、USB ポートに T265 を接続して、次のコマンドを使います。

```
$ realsense-viewer
```

　画面右上の 3D モードで画面左側のトラッキングを有効にすると、T265 での自己位置推定結果を表示できます。T265 を動かしてみると、画面上に推定自己位置が表示されます。

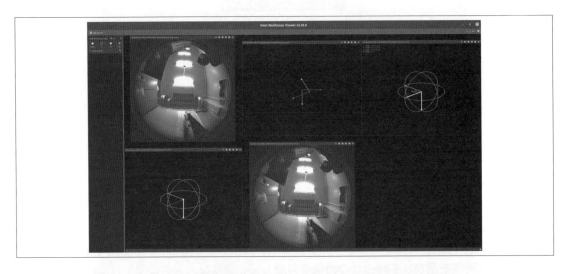

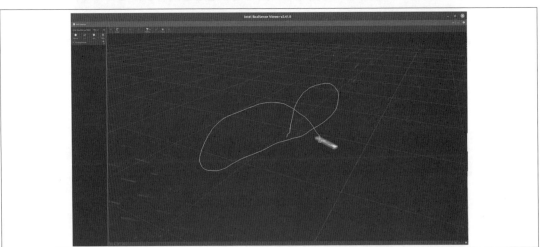

　以上で Ubuntu 上での動作が確認できました。終了して、ターミナルを閉じ、念のために T265 を USB ポートから外します。

　次に ROS2 上での動作をさせます。すでに ROS2 用のラッパーのインストールは終わっているので、新しいターミナルを立ち上げて、ROS2 の準備をします。

```
$ source /opt/ros/foxy/setup.bash
$ cd ros2_ws
$ . install/setup.bash
```

USB ポートに T265 を接続して、次のコマンドを使って、T265 を動作させます。

```
$ ros2 run realsense2_camera realsense2_camera_node --ros-args -p enable_pose:=true -p
device_type:=t265 -p fisheye_width:=848 -p fisheye_height:=800
```

以下のようなメッセージが出て、T265 のノードが立ち上がったことが表示されます。

```
[INFO] [1612340985.825710179] [RealSenseCameraNode]: RealSense ROS v3.1.3
[INFO] [1612340985.825737752] [RealSenseCameraNode]: Built with LibRealSense v2.41.0
[INFO] [1612340985.825742708] [RealSenseCameraNode]: Running with LibRealSense v2.41.0
[INFO] [1612340985.834771690] [RealSenseCameraNode]: Device with serial number
925122111020 was found.
                              :
                              :
```

新しいターミナルを開いて、実際にどのようなノードが立ち上がったか調べてみます。

```
$ source /opt/ros/foxy/setup.bash
$ ros2 topic list
```

```
/accel/imu_info
/accel/sample
/fisheye1/camera_info
/fisheye1/image_raw
/fisheye2/camera_info
/fisheye2/image_raw
/gyro/imu_info
/gyro/sample
/odom/sample
/parameter_events
/rosout
/tf
/tf_static
```

トピック tf が、三次元の位置座標についてのデータを publish しています。位置座標と角度を示すトピックデータの中身を表示します。数値はサンプリングするたびに変化します。

```
$ ros2 topic echo /tf
```

```
---
transforms:
- header:
    stamp:
      sec: 1612488502
      nanosec: 958388903
    frame_id: odom_frame
  child_frame_id: camera_pose_frame
  transform:
    translation:
      x: 0.0452958419919014
      y: -0.006556786596775055
      z: 0.00117022218182683
    rotation:
      x: -0.09322862327098846
      y: -0.6971087455749512
      z: -0.10025466978549957
      w: 0.7037733197212219
---
```

もしも、D435i と同時に使いたい場合には、次のようにします。

```
$ ros2 launch realsense2_camera rs_d400_and_t265_launch.py enable_fisheye12:=true
enable_fisheye22:=true
```

デプスカメラのものとトラッキングカメラのものが両方トピックに現れます。

```
$ ros2 topic list
```

```
/D400/color/camera_info
/D400/color/image_raw
/D400/depth/camera_info
/D400/depth/image_rect_raw
/D400/extrinsics/depth_to_color
/D400/extrinsics/depth_to_infra1
/D400/extrinsics/depth_to_infra2
/D400/infra1/camera_info
/D400/infra1/image_rect_raw
/D400/infra2/camera_info
/D400/infra2/image_rect_raw
/T265/fisheye1/camera_info
/T265/fisheye1/image_raw
/T265/fisheye2/camera_info
/T265/fisheye2/image_raw
/T265/odom/sample
/parameter_events
/rosout
/tf
```

## 7-3 Laser LiDAR

LiDAR は、光を使ったリモートセンシング技術によって、対象物までの距離を計測するものです。物体の検出、物体の形状測定などができます。Light Detection and Ranging の頭文字をとって LiDAR、ライダーと発音します。光線を物体に照射して、物体から跳ね返ってくる時間を測定し、物体との間の距離を計算します。また、光の照射を高速で連続的にスキャンし、広い範囲を測定することによって、物体を 3 次元的に捉えます。光線には用途に応じて可視光のレーザ光線、あるいは赤外のレーザ光線を使います。

物体にビームを照射して、その反射を測定する手法は航空機などの位置検出などに使うレーダと同じですが、レーダは電波を使います。電波は長距離でも減衰が少ない一方で、絞り込むことには限界があります。長距離で比較的大きな物体の検出に向いています。LiDAR はレーザ光線を使います。レーザ光は数十メートル程度までの距離では減衰が少なく、また、レーザビームの広がりを小さく抑えることができます。ちょうど人間が見る範囲によく一致します。人間は両眼で距離を把握しますが、LiDAR は単眼で距離を測定します。

もともと LiDAR は自動車の無人運転に使われました。2005 年くらいから無人運転のロボットカーレースに搭載されるようになりました。初期の LiDAR は個々の部品を組み立てていたものなので、巨大で大変重いものでした。その後、大部分のソリッドステート化が進み、ロボットの搭載ができるものになっています。

代表的な開発元は Velodyne です。2010 年ごろに google が自動運転車を発表したものに Velodyne の LiDAR が使われています。現在様々なメーカが製品を出しています。ROS2 用ドライバがあるものが、いくつかあります。SICK LiDAR、EAI YDLI-DAR、Ouster OS-1 3D lidars、Slamtech RPLidar、Hokuyo URG laser などです。また、インテルの RealSense シリーズに LiDAR カメラが追加されました。厳密にいうと LiDAR ではないのですが、Denso Toyota の Lexus radar 用の ROS2 ドライバも公開されています。LiDAR は製品によって性能、価格帯が大きく異なります。搭載するロボットの目的とコストを勘案して採用することになります。

## 7-4 IMU

IMU は、Inertial Measurement Unit の頭文字をとったもので、慣性運動を測定するユニットのことです。並進運動の測定は加速度センサによって、回転運動はジャイロセンサによって測定をします。並進運動の加速度を積分して速度、位置座標を計算します。ジャイロセンサは座標軸周りの角速度を測定します。やはり、積分をすることによって、回転角度を計算します。

航空機には非常に精度の高い、機械式ジャイロ、あるいは、リングレーザジャイロが搭載されています。機械式ジャイロはいわゆるコマの回転を利用した方式です。角速度が発生したときに

元の状態を維持しようとするコリオリ力が発生し、その慣性力を測定することによって角速度を算出します。リングレーザジャイロはリング状の光路にレーザ光をとおし、光路差よって生じるレーザ光の干渉を利用して角速度を検出します。機械式ジャイロに比べて正確な測定ができます。

　実際の環境ではさまざまな影響を受けます。位置座標、回転角度を算出する段階で加速度、角速度の測定値から積分処理をして変換をする必要があります。積分処理をする段階で誤差を累積することになります。IMU は誤差を低減するさまざまな工夫がされています。また、IMU と他の装置を組み合わせて補正をすることも行われています。位置座標に関しては、GPS などの絶対値座標を組み合わせることも精度を確保する一つの方法です。

　最近、MEMS（Micro Electro Mechanichal Systems）による慣性センサが大量生産されるようになりました。MEMS はコンピュータの CPU などの半導体 IC を作る技術を適用して、シリコンウェハ上に可動機構を作り込む技術です。サブマイクロメートルの精度で可動機構をシリコン基板に作り込むことができ、膜面構造の加速度センサ、また、構造体の一部が振動し、角速度に応じてコリオリ力を検出する振動ジャイロなどがあります。すでに携帯電話などに大量に使われています。

　MEMS 慣性センサを搭載した IMU は精度が気になりますが、とくに、安価であることが魅力です。今後、ロボットへの採用が増えるものと思われます。MEMS 慣性センサを搭載した IMU は数多くあります。Bosch BNO055, TrackIMU, SBG System IMU は ROS2 用のドライバが公開されています。

## 7－5　GPS
　GPS は携帯電話などに使われて、すでに身近なものです。自分が今どこにいるのかということを示すことができます。Global Positioning System を縮めて GPS と呼びますが、名前のとおり地球上のすべての位置を対象にしています。

　地球を周回する複数の人工衛星との間の通信を利用して位置を導き出します。GPS 衛星はそれぞれ位置が分かっています。また、非常に高精度な時計を搭載しています。GPS 衛星は電波を発信した時刻を送信します。地球上にある受信機との距離は電波が受信機まで到達する時間から計算されます。3つの GPS 衛星からの距離を計算すれば受信機の現在位置を導くことができます。ただし、その場合、受信機にも高精度な時計が必要になります。そのかわり、実際には、4つめの GPS 衛星の時刻を受信して、衛星の位置情報と合わせて、受信機が持たなければならなかった時計の代わりをします。

　GPS 衛星は、約2万 km 上空にいつでも4基以上の衛星が現れるように配置されています。ひとつの GPS 衛星は約12時間周期で地球を周回しています。一般用途での GPS の位置精度は、そのままでは10メートル程度です。複数の受信機を使い工夫することで誤差を小さくするこ

とができます。ですが、例えば、navigation システムによる自動走行、SLAM などの地図作成には満足するものにはなりません。また、屋外で GPS 衛星との間に遮蔽物がない場合はいいのですが、屋内では受信感度が下がります。屋外でも、ビルなどの構造物に反射して距離が変化するマルチパスの問題が残ります。

ロボットでは、navigation システムによる自動走行、SLAM などで、自己位置を正確に測定することが大切です。車輪の回転数から得た移動速度を積分して移動距離を求め、ハンドルの方向と合わせて導き出すオドメトリ法から自己位置を求めるのが一般的です。そのほか、ロボット周囲の移動しない物体の相対速度をカメラまたはステレオカメラで観測して移動速度と方向を導くビジュアルオドメトリ手法もあります。どちらも速度を積分して位置を求めるため、移動距離が長くなれば累積誤差が大きくなります。GPS は直接位置座標を測定するので、累積誤差の問題を避けることができます。実際の navigation システムによる自動走行、SLAM などでは GPS, IMU, オドメトリ法が補い合います。

GPS の信号には MNEA フォーマットが使われます。MNEA を扱う ROS2 用のドライバが公開されています。また、NovAtel の GPS ユニットでは ROS2 用のドライバが公開されています。

# 第8章

## マイクロコントローラ

山科がファイルをもって、内木場の机にやってきました。

内 「山科さん、今回はハードウェアを動かす方法でしたね」

山 「先生、はい。今までのお話で、ROS2 を使った通信方法とか、ハードウェアの種類とかはなんとなくわかったのですが、ROS2 がどうやって、モータとかサーボを動かしたり、センサを読み取ったりするのかがピンときません。これがわかるとロボットの全体がわかると思うのですが」

内 「では、今回で概要を掴むことができそうですね」
「ハードウェアを動かすためには、いくつかの方法があります。もちろん、コンピュータの USB だとかシリアルポートを使って、PC が直接ハードウェアを制御することができます。でも、PC の中には常に ROS2 の並列処理の通信が行われているので、その上、ハードウェアの制御するのは大変ですよね」

山 「大変だと思います。サーボとかモータは咄嗟に動く必要があると思います。PC の中で制御信号を作ったりするのは、大変ですよね」

内 「そのとおりです」
「そこで便利なものがあります。マイクロコントローラというものです。マイクロコントローラは、電子基板モジュールの形をしていて、その中のマイクロプロセッサがハードウェアのコントロールをします」

内木場が何やら机の中を探り、電子基板モジュールを取り出しました。

山 「もしかしたら、それが、そうですか」

内 「はいこれです。むき出しの電子基板ですよね。この部分にマイクロプロセッサがあります」

山 「とっても小さいのですね。これがハードウェアを動かすのですか」

内 「そうです。このマイクロプロセッサにはプログラムを流し込むことができます。PC の ROS2 との間で通信をとって、ROS2 からハードウェアをコントロールできます。ハードウェアの規格にいろいろなものがありますが、規格に沿ったコントロールをします。マイクロコントローラの中にはいろいろなセンサを搭載しているものもあります。加速度、角速度、磁気方位、温度、湿度なんかを測れるものもあります」

山 「なるほど、わかりました。ROS2 とのやり取りをして、マイクロコントローラを動かして、ハードウェアを動かすのですね」

内 「そうです。でもちょっと気を付けなければならないことがあります。ROS2 で使っている通信は DDS ですが、そのままの DDS ではマイクロコントローラには負担が大きすぎて使うことができません。DDS-XRCE というマイクロコントローラに適したものを使います」

山 「ROS2 の DDS はたしか…」

山科は持参したファイルをめくりはじめ

山　「そうそう、Fast-RTPS でしたね」
内　「そうです。Fast-RTPS だと、マイクロコントローラの負担が大きすぎます」
　　「この場合、DDS が混在することになります。ROS2 では、ノード間の同時双方向の分散並列処理が特徴です。DDS が混在してもそれができます」
　　「さっそく島田君を呼んで、マイクロコントローラを動かしてみましょう。島田君いいかな」

島田が実験台のほうで作業をしていましたが近づいてきました。

島　「はい、わかりました」
内　「では、まず、山科さんに、マイクロコントローラを動かすためのシステムにどういうものがあるかについて説明をします」
　　「それから、具体的なマイクロコントローラについて、次に、プログラムを作るときに便利な Docker について説明をします」
山　「Docker って、少し知っています。PC 上に仮想環境を作るものですね」
内　「知っていると、話が速いです。Docker は ROS2 とは直接関係がないのですが、システム開発に使うととても便利です。とくに、ハードウェア関係の場合は、PC のシステムの環境の作り方に影響を受けることがあり、厄介な場合があります。Docker は PC によらない環境を作ることができるので便利です」
山　「はい、わかりました」
内　「そのあとに、実際にプログラムを作り、マイクロプロセッサを動作させましょう」
　　「島田君にも手伝ってもらって、3 人でしましょう」
島　「わかりました」
山　「よろしくお願いします」

## 8−1　マイクロコントローラを使うためのシステム

　ロボットのハードウェアを直接制御して駆動するものに、マイクロコントローラがあります。マイクロコントローラの用途は広く、センサーネットワーク、IoT も含まれます。マイクロコントローラは小型の回路モジュールです。プロセッサ IC、周辺回路、ハードウェアを接続するコネクタ類が電子基板に搭載されています。PC などの外部との間で通信をとりながら、ハードウェアのコントロールをします。PC との間の通信方式は独自のものもあり、様々な方式をとります。ROS2 が注目されるようになって ROS2 をサポートするマイクロコントローラが増えてきました。

　マイクロコントローラを使えば、ハードウェアの駆動をマイクロコントローラのプロセッサが分担するので、PC 側の負荷を減らすことができます。プロセッサがハードウェアに合わせ

て最適な調整をするので、高速にハードウェアを動作させることができます。また、適切な使い方をすれば、省電力にもなります。このような特徴があるので、ROS2の進展とともにロボットへの適用が進んできています。

マイクロコントローラにはプロセッサとメモリの能力に制限があります。そのためROS2のDDSをそのまま使わずに、マイクロコントローラと通信をするために用意されたDDSを使います。ROS2ではシステムが動作中でもDDSの切り替えを変えることができます。そのため、ROS2で通常使用するFast-RTPSとマイクロコントローラ用のDDSを同時に使うことができます。

The OMG DDS for eX-tremely Resource Constrained Environment standard（DDS-XRCE : https://www.omg.org/spec/DDS-XRCE/）に、マイクロコントローラ向けのプロトコルが決められています。eProsima社が決められたプロトコルに従って、Micro-XRCE-DDSを提供しています。ROS2を用いてマイクロコントローラを動作させる場合は、DDS-XRCEを用いて通信をします。具体的にはeProsima社のMicro-XRCE-DDSを使います。

Micro XRCE-DDSのシステムでは、PC側にMicro XRCE agentを設けROS2のFast-RTPSとの変換を行います。また、マイクロコントローラ側にMicro XRCE clientを実装して、agentとclientとの間でDDS-XRCE通信をします。Micro XRCE-DDSでは、通信のQoSの規定値は、リライアブルまたはベストエフォートの設定をとりますが、任意の設定にすることもできます。クライアントへの実装はPCからマイクロコントローラから他の必要なプログラムとともにFlashして書き込む手順をとります。エージェントもクライアントもC言語で構成されています。Micro XRCE agentはC++11、Micro XRCE clientはC99を使っています。

マイクロコントローラを動かすOSをRTOS（Real Time Operating System）と呼びます。ROS2と連携しているものにNuttax、Freertos、Zephyerなどがあります。マイクロコントローラの種類によってサポートしているものが異なるので、使い分ける必要があります。

マイクロコントローラをROS2を使って動作させるために、それぞれ、現状では、Micro-XRCE-DDS、Micro-XRCE-DDS agentとMicro-XRCE-DDS clientをNuttax、Freertos、Zephyerなのどのの RTOSと組み合わせて使う必要があります。それぞれの組み合わせでは、お互いのバージョンを合わせるなどの制限がある場合があります。組み合わせによっては、非常に複雑になることもありますが、これらを一括して管理するビルドシステムがあります。実用的には、これらビルドシステムを導入して、マイクロコントローラをROS2のシステムに組み込むことになります。ROS2に対応したビルドシステムがいくつかあります。micro-ROS（https://micro.ros.org/）はROS2 Foxyに対応しています。

マイクロコントローラを使うためのシステムについての関係を図8-1に示します。マイクロコントローラとPCの間の通信規格DDS-XRCEとMicro-XRCE、PC側のMicro XRCE agentと

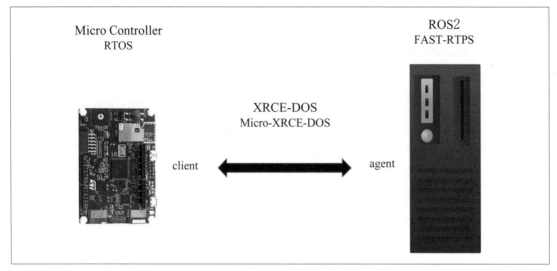

〔図8-1〕マイクロコントローラを ROS2 を使って動作させるためのシステム

マイクロコントローラ側の Micro XRCE client、マイクロコントローラの OS である RTOS、全体のシステムを作る API である micro-ROS の関係を記しました。

## 8－2　ROS2 で使うマイクロコントローラ

　ROS2 で使うマイクロコントローラは搭載する IC の種類によって大きく分けて 2 つの系統があります。ST Microelectronics の STM32 シリーズの IC を搭載するものと Espressif Systems 社の ESP32 シリーズの IC を搭載するものです。STM32 のチップのコアには ARM Ltd の Cortex-M という組み込み用途に開発されたアーキテクチャが採用されています。アーキテクチャの世代によって番号が振られていますが、現在は Cortex-M4、M7 です。一方の ESP32 では Tensilica の Xtensa LX6 がコアに採用されています。低価格でありながら Wi-Fi と Bluetooth を内蔵しています。STM32 と ESP32 使ったマイクロコントローラボードのいくつかは、micro-ROS のビルドシステムを使って ROS2 Foxy で動作させることができます（https://github.com/micro-ROS/micro_ros_setup）。表 8-1 に一覧を記します。

　このほかに、次のマイクロコントローラは公式サポートがありませんが、micro-ROS がビルドシステムを公開しています。

　・ST Nucleo F446RE
　・ST Nucleo F446ZE
　・ST Nucleo H743ZI
　・ST Nucleo F746ZG
　・ST Nucleo F767ZI

〔表 8-1〕micro-ROS が ROS2 Foxy 用にビルドシステムを公開しているマイクロコントローラ

| プロセッサ | ボード | RTOS | I/F | 特徴 |
|---|---|---|---|---|
| STM32<br>Cortex-M4 | Olimex STM32-E407 | Nuttx<br>FreeRTOS<br>Zephyr | USB<br>UART<br>Network | micro-ROS のリファレンスボード<br>1MB Flash、196KB RAM<br>CAN、12-bit ADC、12-bit DAC、GPIO、Camera interface など |
| STM32<br>Cortex-M4 | ST B-L475E-IOT01A | Zephyr | USB<br>UART<br>Network | STM32 Discovery kit IoT node<br>1 MB Flash、128 KB SRAM<br>WiFi、Bluetooth12-bit ADC、12-bit DAC12C、CAN、3D 加速度計、3D ジャイロ、3 軸磁気センサ、TOF センサ、温湿度気圧センサ、マイク、など |
| ESP32<br>Xtensa LX6 | Espressif ESP32 | FreeRTOS | UART<br>WiFi<br>UDP | Espressif ESP32-DevKitC<br>4MB Flash、400 KB SRAM<br>WiFi、Bluetooth<br>PWM、ADC、DAC、I2C、I2S、SPI、GPIO など |
| STM32<br>Cortex-M4 | Crazyflie 2.1 | FreeRTOS | Custom<br>Radio<br>Link | 1Mb Flash、192kb SRAM<br>12C、SPI、GPIO、3 軸加速度計、3 軸ジャイロ、気圧センサなど<br>ドローン用、軽量 |

　これ等のマイクロコントローラのプロセッサ IC は ST32 を使っています。コアアーキテクチャは F446RE と F446ZE では ARM Cotex-M4 採用され、512KB のフラッシュメモリと 128KB の RAM が搭載されています。F446ZE には FPU と Accelerator が加えられています。H743ZI では Cotex-M7 が採用されています。FPU と L1　cache が付加されています。また、2MB までのフラッシュメモリと 1MB までの RAM を使うことができます。F746ZG と F767ZI では同じく、Cotex-M7 が採用されていますが、FPU と Accelerator が加えられています。1MB のフラッシュメモリと 320kB の RAM が搭載されています。

　また、micro-ROS は、ROS2 Foxy に対応した micro-ROS for Arduino を公開しています（https://github.com/micro-ROS/micro_ros_arduino）。ただし、実験段階だとの断り書きがあります。micro-ROS for Arduino では Arduino 開発ツールの Arduino IDE で使う ROS2 用のライブラリ micro-ROS library for Arduino を提供しています。Arduino IDE のプラグインとして micro-ROS library for Arduino を組み込むことによって使うことができるようになります。

　クライアント側のプログラムの開発とマイクロコントローラへの書き込みは Arduino と同様にします。IDE を使ってメニューからライブラリを選択して、プログラムコードを作り、コントロールボードに Flash する手順です。一方の、エージェント側は Docker image（microros/micro-ros-agent:foxy）が用意されています。次のコマンドで使うことができます

```
$ docker run -it --rm -v /dev:/dev --privileged --net=host microros/micro-ros-
agent:foxy serial --dev [YOUR BOARD PORT] -v6
```

micro-ROS for Arduino がライブラリを公開しているマイクロコントローラを記します。

・Arduino Portenta H7 M7 Core
・ROBOTIS OpenCR
・Teensy 4.1 Development Board
・Teensy 3.2/3.1　　Development Board

対応するマイクロコントローラは順次変わるので、確認が必要です。

## 8－3　Dockerの活用

　マイクロコントローラはPC側のシステムの環境設定に影響を受けます。また、マイクロコントローラを動かすためのエージェントをPC側に設定する必要があります。場合によってはPCのシステムへ影響を与えることがあります。DockerはPCの上に仮想環境を作り上げることができて、どのPCでも同じ条件のシステムを提供することができます。また、仮想環境がPCのシステムに影響を与えることはほとんどありません。マイクロコントローラを使ってシステムを作り上げるときにDockerは非常に便利につかうことができます。ここでは、まず、Dockerを導入して、ひととおり使用できるようにします。

　Dockerは仮想環境を構築するためのツールです。Windows、Mac、LinuxなどのOSの上にコンテナと呼ばれる仮想環境をつくります。コンテナの中でOS、ミドルウェア、アプリケーションを動作させることができます。コンテナが作りだす環境はホストマシンのOSとは分離でき、ホストマシンが異なる場合でも同じ環境を作ることができます。

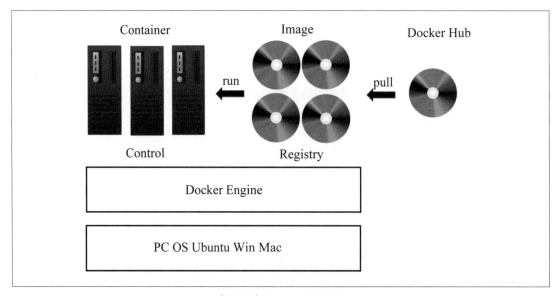

〔図8-2〕Dockerの概念

ホスト OS の上に、Docker エンジンがあります。Docker の本体になるところで、コンテナの収容のほかに Docker とイメージの管理、Docker レジストリとのやり取りを主に行っています。コンテナは Docker イメージから生成されます。基本となるベースイメージが Docker Hub などから提供されます。ベースイメージからコンテナを作成し、様々なインストール処理を重ねて、自分用の新しいイメージを作ることもできます。イメージの管理は Docker レジストリがします。図 8-2 に Docker の概念を示します。

　Ubuntu20.04 のシステムに Docker をインストールして、ROS2 Foxy のシステムをコンテナで運用してみます。
　Docker のインストールは公式ページ（https://docs.docker.com/engine/install/ubuntu/）に従います。

```
$ sudo apt-get update
$ sudo apt-get install \
    apt-transport-https \
    ca-certificates \
    curl \
    gnupg \
    lsb-release

$ curl -fsSL https://download.docker.com/linux/ubuntu/gpg | sudo gpg --dearmor -o /
usr/share/keyrings/docker-archive-keyring.gpg

$ echo \
  "deb [arch=amd64 signed-by=/usr/share/keyrings/docker-archive-keyring.gpg] https://
download.docker.com/linux/ubuntu \
  $(lsb_release -cs) stable" | sudo tee /etc/apt/sources.list.d/docker.list > /dev/
null

$ sudo apt-get update
$ sudo apt-get install docker-ce docker-ce-cli containerd.io
```

　Docker のインストールはここまでです。試しに、Docker を駆動します。

```
$ sudo docker run hello-world
```

　オンラインから container がダウンロードされ、container を ubuntu システムで展開します。この場合は、以下のメッセージを表示する container です。どのようにして docker が準備されるのか、また、どのように実行するのかが書かれています。

```
Hello from Docker!
This message shows that your installation appears to be working correctly.

To generate this message, Docker took the following steps:
 1. The Docker client contacted the Docker daemon.
 2. The Docker daemon pulled the "hello-world" image from the Docker Hub.
    (amd64)
 3. The Docker daemon created a new container from that image which runs the
    executable that produces the output you are currently reading.
 4. The Docker daemon streamed that output to the Docker client, which sent it
    to your terminal.

To try something more ambitious, you can run an Ubuntu container with:
 $ docker run -it ubuntu bash

Share images, automate workflows, and more with a free Docker ID:
 https://hub.docker.com/
```

　ただし、このままだと、立ち上げるたびに sudo を付け、password の入力を求められます。グループ追加をします。USERNAME のところにユーザ名を入れます。

```
$ sudo gpasswd -a USERNAME docker
```

　グループに追加されたことを確認します。

```
$ cat /etc/group | grep docker
```

```
docker:x:998:USERNAME
```

　グループ追加を反映させるためには、Ubuntu をリスタートする必要があります。

　ROS2 Foxy Fitzroy のシステムを Docker を使って立ち上げてみます。そのために Docker Hub の web ページで ROS のイメージファイルを調べます。ROS2 のイメージファイルの名称が ros、またタグが foxy だとわかります。

　Docker Hub からイメージを取得するには docker pull コマンドにイメージ名称とタグ名称を続けます。

```
$ docker pull ros:foxy
```

　ダウンロードされたイメージを一覧で表示します。

```
$ docker images
```

ros:foxy の他にインストール時に run をした hello-world があります。docker run の実行では、docker pull を省略して、コンテナを生成起動することができます。そのときにイメージファイルがダウンロードされました。

イメージファイルからコンテナを生成して起動 するには docker run コマンドに option を続けます。

```
$ docker run -it --name foxytest1 --net=host -v /dev:/dev --privileged ros:foxy
```

-it をつかってコンテナとホストを標準入出力で接続します。 --name を使って 、コンテナの名称を foxytest1 にします。--name を使わなければ自動的にコンテナの名前が付けられます。--net=host をつかって、host と同じ net を接続します。-v /dev:/dev を使って、ホストの volume /dev をコンテナの /dev にマウントします。また、--privileged を使ってコンテナにルート権限へのアクセス権を与えます。その後にイメージファイルの ros:foxy を続けます。

実行されるとプロンプトが $ から # に変わり、コンテナに入ったことがわかります。

コンテナ内で ROS にかかわる環境変数を調べます。ROS version2 foxy Distro だとわかります。

```
# printenv | grep ROS
```

```
ROS_VERSION=2
ROS_PYTHON_VERSION=3
ROS_LOCALHOST_ONLY=0
ROS_DISTRO=foxy
```

別のターミナルを開き、実行中のコンテナの一覧を調べます。

```
$ docker ps
```

```
08662343e7e5    ros:foxy    "/ros_entrypoint.sh …"    About a minute ago    Up About a
minute              foxytest1
```

ros:foxy のコンテナ foxytest1 が表示されます。また休止中のコンテナも調べるときには $ docker ps -a とします。

foxytest1 コンテナから抜け出します。

```
# exit
```

プロンプトが $ に変わります。ここで、もう一度、実行中の docker の一覧を docker ps コマンドで調べてみると ros:foxy のコンテナ foxytest1 が停止したことがわかります。コンテナの削除は、docker rm コマンド行います。同時に ros:foxy と hello-world のコンテナをコンテナ名を指定して削除します。agitated_noether は Docker が hello-word につけたコンテナの名前です。

```
$ docker rm foxytest1 agitated_noether
```

イメージの削除には docker rmi コマンドを使います。同時に ros:foxy と hello-world のイメージファイルをイメージファイル名を指定して削除します。

```
$ docker rmi ros:foxy hello-world
```

## 8－4　マイクロコントローラへの実装

ESP32-DevKitC-32E ボードと FreeRTOS micro-ROS の組み合わせを実際に説明します。ボード側のホストが string 型のメッセージを publish して、PC のエージェント側でメッセージを受け取るようにしてみます。

micro-ROS のチュートリアル（https://micro.ros.org//docs/tutorials/core/overview/）には、マイクロコントローラを Micro-XRCE-DDS を経由して PC との間で通信をとるまでのひととおりの方法が掲載されています。また、代表的なマイクロコントローラを micro-ROS を使って動作させるためのセットアップの方法が web ページ（https://github.com/micro-ROS/micro_ros_setup）に掲載されています。ここで扱う ESP32 系統のボードについては Int32 型の publisher が web ページ（https://micro.ros.org/blog/2020/08/27/esp32/）に説明がされています。

マイクロコントローラへの実装の手順は次のようにします。

1. マイクロコントローラの必要なファイルを ROS2 で扱うワークスペースを作る。
2. 必要なファイルをダウンロードする。
3. colcon build する。
4. マイクロボードを指定してボードに書き込むファームウェアをダウンロードして create する。
5. マイクロコントローラを動作させるプログラムを書き込むためのディレクトリを確認する。
6. 必要なファイルを作り、プログラムコードを書きこむ。
7. マイクロコントローラの設定をメニュー画面で設定する。
8. マイクロコントローラに流し込むファームウェアを configure する。
9. マイクロコントローラに流し込むファームウェアを build する。
10. マイクロコントローラに流し込むファームウェアをボードに flash する。
11. PC 側の Micro-XRCE-DDS エージェントをダウンロードして create する。
12. PC 側の Micro-XRCE-DDS エージェントを build する。
13. マイクロコントローラのリセットスイッチを押し、プログラムを実行する。

以降、実際にマイクロコントローラにシステムを作り込んでいきます。ここでは、PC の環境に依存しないように、Docker を使って、マイクロコントローラを動作させます。ターミナルを開き、Docker イメージを始めます。

```
$ docker run -it --name esp32freertos --net=host -v /dev:/dev --privileged ros:foxy

# source /opt/ros/foxy/setup.bash
# mkdir esp32freertos_ws
```

ワークスペースに移動をして、micro-ros から必要なファイルをダウンロードします。

```
# cd esp32freertos_ws
# git clone -b $ROS_DISTRO https://github.com/micro-ROS/micro_ros_setup.git src/micro_
ros_setup
```

依存ファイルをアップデートします。

```
# sudo apt update && rosdep update
```

```
                                :
                                :
updated cache in /root/.ros/rosdep/sources.cache
```

```
# rosdep install --from-path src --ignore-src -y
```

```
                                :
                                :
#All required rosdeps installed successfully
```

pip をインストールします。途中で継続の確認が入りますので、y を入れます。

```
# sudo apt-get install python3-pip
```

```
                                :
                                :
Setting up python3-wheel (0.34.2-1) ...
Setting up python-pip-whl (20.0.2-5ubuntu1.1) ...
Setting up python3-pip (20.0.2-5ubuntu1.1) ...
```

micro-ros を colcon を使ってビルドします。

```
# colcon build
```

```
Starting >>> micro_ros_setup
Finished <<< micro_ros_setup [1.00s]

Summary: 1 package finished [1.12s]
```

ワークスペースの環境設定をします。

```
# source install/local_setup.bash
```

　ESP32-DevKitC-32E のファームウェアに使うファイルを作ります。RTOS には Freertos を指定します。

```
# ros2 run micro_ros_setup create_firmware_ws.sh freertos esp32
```

　しばらく時間がかかります。

```
                          :
                          :
#All required rosdeps installed successfully
```

　新しいフォルダ firmware が microesp32_ws の中に作られ必要なファイルがダウンロードされました。

　ここで、ESP32-DevKitC-32E を動作させるためのプログラムの用意をします。ディレクトリ firmware/freertos_apps/apps/ にプログラムの名前を付けたフォルダを作って、その中に main.c と app-colcon.meta を用意します。各フォルダのなかのファイル名は main.c と app-colcon.meta である必要があります。プログラムを使わける時には、ファームウェアを configuretion をつかって設定する際にフォルダの名前を指定することによって区別します。
　ディレクトリ firmware/freertos_apps/apps/ に移動します。

```
# cd firmware/freertos_apps/apps/
```

　ディレクトリの中を調べます。これらのディレクトリがサンプルプログラムになります。

```
# ls
```

| add_two_ints_service | crazyflie_position_publisher | int32_subscriber |
|---|---|---|
| crazyflie_demo | int32_publisher | ping_pong |

この中に、プログラムを作っていきます。サンプルの中には、string 型の publisher がありません。ここでは、string 型の publisher を作ります。まず、ディレクトリ string_publisher を作り、その中に移動します。

```
# mkdir string_publisher
# cd string_publisher
```

ファイル app.c を作ります。コンテナには vim エディタがインストールされていないのでインストールします。

```
$ sudo apt-get install vim

$ touch app.c
$ vim app.c
```

```
app.c
#include <rcl/rcl.h>
#include <rcl/error_handling.h>
#include <rclc/rclc.h>
#include <rclc/executor.h>

#include <std_msgs/msg/string.h>

#include <stdio.h>
#include <unistd.h>

#ifdef ESP_PLATFORM
#include "freertos/FreeRTOS.h"
#include "freertos/task.h"
#endif

#define ARRAY_LEN 200

#define RCCHECK(fn) { rcl_ret_t temp_rc = fn; if((temp_rc != RCL_RET_OK))
{printf("Failed status on line %d: %d. Aborting.\n",__LINE__,(int)temp_rc);
vTaskDelete(NULL);}}
#define RCSOFTCHECK(fn) { rcl_ret_t temp_rc = fn; if((temp_rc != RCL_RET_OK))
{printf("Failed status on line %d: %d. Continuing.\n",__LINE__,(int)temp_rc);}}

rcl_publisher_t publisher;
std_msgs__msg__String msg;

int counter = 0;
```

```
void timer_callback(rcl_timer_t * timer, int64_t last_call_time)
{
    RCLC_UNUSED(last_call_time);
    if (timer != NULL) {
        sprintf(msg.data.data, "Welcome on Board! #%d", counter++);
            msg.data.size = strlen(msg.data.data);
            RCSOFTCHECK(rcl_publish(&publisher, &msg, NULL));
            printf("I have publish: \"%s\"\n", msg.data.data);
    }
}

void appMain(void *argument)
{
    rcl_allocator_t allocator = rcl_get_default_allocator();
    rclc_support_t support;

    RCCHECK(rclc_support_init(&support, 0, NULL, &allocator));

    rcl_node_t node;
    RCCHECK(rclc_node_init_default(&node, "freertos_string_node", "", &support));

    RCCHECK(rclc_publisher_init_default(
            &publisher,
            &node,
            ROSIDL_GET_MSG_TYPE_SUPPORT(std_msgs, msg, String),
            "/freertos_string_publisher"));

    rcl_timer_t timer;
    const unsigned int timer_timeout = 1000;
    RCCHECK(rclc_timer_init_default(
            &timer,
            &support,
            RCL_MS_TO_NS(timer_timeout),
            timer_callback));

    rclc_executor_t executor;
    RCCHECK(rclc_executor_init(&executor, &support.context, 1, &allocator));
    RCCHECK(rclc_executor_add_timer(&executor, &timer));

    msg.data.data = (char * ) malloc(ARRAY_LEN * sizeof(char));
    msg.data.size = 0;
    msg.data.capacity = ARRAY_LEN;

    while(1){
            rclc_executor_spin_some(&executor, RCL_MS_TO_NS(10));
            usleep(10000);
    }

    RCCHECK(rcl_publisher_fini(&publisher, &node))
    RCCHECK(rcl_node_fini(&node))

                vTaskDelete(NULL);
}
```

app.c のプログラムは c 言語で作ります。このプログラムは、micro-ROS のチュートリアルとサンプルプログラム int32_publisher などを参考に作っています。マイクロコントローラに実装する場合、一般の ROS2 のプログラムを基本にしていくつかのことを追加することになります。ボードにかかわるインクルードファイル、ボードのシステムと通信の異常検出とその処理、allocator を使ったボードのメモリの処理、また、executor を使った実行管理があります。必ずしもすべてを追加する必要はありませんが、ここでは、これらを追加します。また、複雑なプログラムの場合は life cycle、QoS などを追加した方がよい場合もあります。

はじめに ROS2、micro-ROS で使うインクルードファイル関係を登録します。

```
#include <rcl/rcl.h>
#include <rcl/error_handling.h>
#include <rclc/rclc.h>
#include <rclc/executor.h>

#include <std_msgs/msg/string.h>

#include <stdio.h>
#include <unistd.h>
```

ESP32 で使うインクルードファイル関係も同じように追加します。

```
#ifdef ESP_PLATFORM
#include "freertos/FreeRTOS.h"
#include "freertos/task.h"
#endif
```

ボードと通信に異常がないかをチェックする関数 RCCHECK(fn) と RCSOFTCHECK(fn) を定義します。fn には関数が入ります。この部分はマイクロコントローラに特有の処理になります。fn の中に何かを実行する関数を入れれば、関数の実行時にシステムに異常があれば異常を通知し、処理を中止します。正常な場合は関数を実行します。

```
#define RCCHECK(fn) { rcl_ret_t temp_rc = fn; if((temp_rc != RCL_RET_OK))
{printf("Failed status on line %d: %d. Aborting.\n",__LINE__,(int)temp_rc);
vTaskDelete(NULL);}}
#define RCSOFTCHECK(fn) { rcl_ret_t temp_rc = fn; if((temp_rc != RCL_RET_OK))
{printf("Failed status on line %d: %d. Continuing.\n",__LINE__,(int)temp_rc);}}
```

publisher を定義して、扱う文字型のメッセージを std_msgs__msg__String msg で初期化します。また、カウンターを 0 にリセットします。

```
rcl_publisher_t publisher;
std_msgs__msg__String msg;

int counter = 0;
```

timer_callback 関数を作ります。sprintf 関数をつかって msg.data.data に文字型データ Welcome
on Board! に #1 から順番に数字を加えていきます。また、msg.data.size に msg.data.data の文字
の長さを代入します。SOFTCHECK(rcl_publish(&publisher, &msg, NULL)) では、システムにエ
ラーがないこと確認して、msg を publish します。I have publish: に msg.data.data を加えて host
側に表示します。エージェント側の PC には表示はされません。

```
void timer_callback(rcl_timer_t * timer, int64_t last_call_time)
{
    RCLC_UNUSED(last_call_time);
    if (timer != NULL) {
        sprintf(msg.data.data, "Welcome on Board! #%d", counter++);
            msg.data.size = strlen(msg.data.data);
            RCSOFTCHECK(rcl_publish(&publisher, &msg, NULL));
            printf("I have publish: \"%s\"\n", msg.data.data);
    }
}
```

main 関数に相当するのは void appMain(void *argument){} です。main 部分を始めるにあたっ
て、いくつかの準備が必要になります。allocator では、ボードのダイナミックメモリーの割り
当てをします。また suport では、rcl-timer、および rclc-executor の準備をします。

```
        rcl_allocator_t allocator = rcl_get_default_allocator();
        rclc_support_t support;
```

続いて、システムの異常をチェックしてノードの初期化をします。rclc_support_init() 関数は
rclc/init.h から引用します。その後、freertos_string_node という名前のノードの作成をします。
rclc_node_init_default() 関数は rclc/node.h から引用します。

```
        RCCHECK(rclc_support_init(&support, 0, NULL, &allocator));
        rcl_node_t node;
        RCCHECK(rclc_node_init_default(&node, "freertos_string_node", "", &support));
```

publisher を作り、msg をトピック freertos_string_publisher に送ります。rclc_publisher_init_
default() は rclc/publisher.h から引用します。

```
RCCHECK(rclc_publisher_init_default(
        &publisher,
        &node,
        ROSIDL_GET_MSG_TYPE_SUPPORT(std_msgs, msg, String),
        "/freertos_string_publisher"));
```

　ノード、トピックの準備ができたので timer を作ります。繰り返しのための timer_timeout を
ミリ秒単位で決めます。タイマーを初期状態にします。

```
rcl_timer_t timer;
const unsigned int timer_timeout = 1000;
RCCHECK(rclc_timer_init_default(
        &timer,
        &support,
        RCL_MS_TO_NS(timer_timeout),
        timer_callback));
```

　executor を定義して、実行設定をします。

```
rclc_executor_t executor;
RCCHECK(rclc_executor_init(&executor, &support.context, 1, &allocator));
RCCHECK(rclc_executor_add_timer(&executor, &timer));
```

　msg.data.data、msg.data.size、msg.data.capacity に各値をいれます。while(1) を用いて、rclc_
executor_spin_some() を繰り返し実行して callback を呼び込みます。

```
msg.data.data = (char * ) malloc(ARRAY_LEN * sizeof(char));
msg.data.size = 0;
msg.data.capacity = ARRAY_LEN;

while(1){
        rclc_executor_spin_some(&executor, RCL_MS_TO_NS(10));
        usleep(10000);
}
```

　終了処理をします。

```
RCCHECK(rcl_publisher_fini(&publisher, &node))
RCCHECK(rcl_node_fini(&node))

            vTaskDelete(NULL);
```

　次のプログラム app-colcon.meta を作ります。このファイルはボードのメモリを有効に使う
ためのものです。具体的にはノードの数等メモリーに影響する項目の許容値を書きます。

```
# touch app-colcon.meta
# vim app-colcon.meta
```

```
app-colcon.meta
{
    "names": {
        "rmw_microxrcedds": {
            "cmake-args": [
                "-DRMW_UXRCE_MAX_NODES=1",
                "-DRMW_UXRCE_MAX_PUBLISHERS=1",
                "-DRMW_UXRCE_MAX_SUBSCRIPTIONS=0",
                "-DRMW_UXRCE_MAX_SERVICES=0",
                "-DRMW_UXRCE_MAX_CLIENTS=0",
                "-DRMW_UXRCE_MAX_HISTORY=1",
            ]
        }
    }
}
```

-DRMW_UXRCE_MAX に続く項目で、必要数を入力します。この値を小さくするとボードのメモリの消費を抑えることができます。

以上でプログラムの準備は終わりです。続いてファームウェアの設定をします。

```
# cd /esp32freertos_ws

# ros2 run micro_ros_setup configure_firmware.sh string_publisher -t udp -i [your local machine IP] -p 8888
```

ここでは、新しく作ったプログラムのフォルダ名 string_publisher を入れました。また、今使っている PC の IP アドレスを [your local machine IP] に入力します。[] は残しません。通信は WiFi 経由で UDP ポート 8888 を利用していしています。

```
                        :
                        :
-- Configuring done
-- Generating done
-- Build files have been written to: /esp32freertos_ws/firmware/freertos_apps/
microros_esp32_extensions/build
Configured udp mode with agent at 192.168.**.**:8888
You can configure your WiFi AP password running 'ros2 run micro_ros_setup build_
firmware.sh menuconfig'
```

次にメニュー画面を開いて、ファームウェア側の WiFi 設定をします。

```
# ros2 run micro_ros_setup build_firmware.sh menuconfig
```

　メニュー画面が現れます。画面を動かし、SSID と PASS を入力します。micro-ROS Transport Settings ---> の項目を選び WiFi Configuration --→を選びます。

　(myssid) WiFi SSID と (mypassword) WiFi Password をそれぞれ選び入力します。

　S を入力して、Save します。

　Enter を入力し、Success が出れば、WiFi 設定は終了です。

　Esc を押してメニュー画面を抜けます。

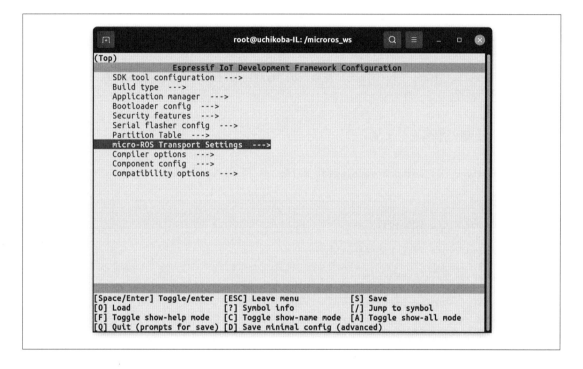

次に、ファームウェアのビルドをします。

```
# ros2 run micro_ros_setup build_firmware.sh
```

```
                                    :
                                    :
[100%] Built target app
make[1]: Leaving directory '/esp32freertos_ws/firmware/freertos_apps/microros_esp32_
extensions/build'
/usr/bin/cmake -E cmake_progress_start /esp32freertos_ws/firmware/freertos_apps/
microros_esp32_extensions/build/CMakeFiles 0
```

　ファームウェアを書き込みます。ボードを USB 接続します。接続をすると LED が点灯するのを確認して、ファイルを流し込みます。

```
# ros2 run micro_ros_setup flash_firmware.sh
```

```
                              :
                              :
Writing at 0x00084000... (96 %)
Writing at 0x00088000... (100 %)
Wrote 860768 bytes (499340 compressed) at 0x00010000 in 44.2 seconds (effective 155.8
kbit/s)...
Hash of data verified.

Leaving...
Hard resetting via RTS pin...
make[1]: Leaving directory '/esp32freertos_ws/firmware/freertos_apps/microros_esp32_
extensions/build'
```

　エージェント側の準備をします。

```
# ros2 run micro_ros_setup create_agent_ws.sh
```

```
.......
=== ./eProsima/Micro-CDR (git) ===
Cloning into '.'...
=== ./eProsima/Micro-XRCE-DDS-Agent (git) ===
Cloning into '.'...
=== ./uros/drive_base (git) ===
Cloning into '.'...
=== ./uros/micro-ROS-Agent (git) ===
Cloning into '.'...
=== ./uros/micro_ros_msgs (git) ===
Cloning into '.'...
=== ./uros/rmw_microxrcedds (git) ===
Cloning into '.'...
=== ./uros/rosidl_typesupport_microxrcedds (git) ===
Cloning into '.'...
#All required rosdeps installed successfully
```

　エージェントをビルドします。

```
# ros2 run micro_ros_setup build_agent.sh
```

```
Finished <<< microxrcedds_agent [33.9s]
Starting >>> micro_ros_agent
Finished <<< micro_ros_agent [3.58s]

Summary: 5 packages finished [37.6s]
  1 package had stderr output: microxrcedds_agent
```

ワークスペースの環境を読み込みます。

```
# source install/local_setup.bash
```

エージェントを実行します。エージェントは待機状態となります。

```
# ros2 run micro_ros_agent micro_ros_agent udp4 --port 8888
```

```
[1617009026.823357] info     | UDPv4AgentLinux.cpp | init          |
running...          | port: 8888
[1617009026.823500] info     | Root.cpp            | set_verbose_level    | logger
setup           | verbose_level: 4
```

　ボードにはファームウェアをスタートするためのリセットスイッチがあります。ESP32-DevKitC-32E ボードにはプッシュスイッチが USB 端子の左右に 2 個ありますが、LED に近い側がリセットスイッチです。ボードのリセットスイッチを押すと、ファームウェアの実行が始まり、String 型のメッセージを publish し始めます。先程立ち上げたエージェント側のターミナルに通信があったことが示されます。

```
                        :
                        :
[1617009136.523487] info     | Root.cpp            | create_client        | create
| client_key: 0x3013F793, session_id: 0x81
[1617009136.523600] info     | SessionManager.hpp | establish_session    | session
established     | client_key: 0x806614931, address: 192.168.11.11:40689
```

新しいターミナルを開いて、コンテナ esp32freertos に入ります。また、環境設定をします。

```
$ docker exec -it esp32freertos bin/bash
# source /opt/ros/foxy/setup.bash
# cd esp32freertos_ws
# source install/local_setup.bash
```

ノードを調べます。

```
# ros2 node list
```

```
/freertos_string_node
```

```
# ros2 node info /freertos_string_node
```

```
 Subscribers:

  Publishers:
    /freertos_string_publisher: std_msgs/msg/String
Service Servers:

  Service Clients:

  Action Servers:

  Action Clients:
```

トピックを調べます。

```
# ros2 topic list
```

```
/freertos_string_publisher
/parameter_events
/rosout
```

```
# ros2 topic info /freertos_string_publisher
```

```
Type: std_msgs/msg/String
Publisher count: 1
Subscription count: 0
```

メッセージの内容を調べます。マイクロコントローラからメッセージが送られてくるのがわかります。

```
# ros2 topic echo /freertos_string_publisher
```

```
data: 'Welcome on Board! #789'
---
data: 'Welcome on Board! #790'
---
data: 'Welcome on Board! #791'
```

```
---
data: 'Welcome on Board! #792'
---
                              :
                              :
```

もう一つ新しいターミナルを開き、コンテナに入り環境を読み込みます。

```
$ docker exec -it esp32freertos bin/bash
# source /opt/ros/foxy/setup.bash
# cd esp32freertos_ws
# source install/local_setup.bash
```

マイクロコントローラ側のモニタ出力を次のコマンドで見ます。ボードの情報に続き、WiFi
接続、メッセージが表示されます。

```
# ros2 run micro_ros_setup build_firmware.sh monitor
```

```
                              :
                              :
I (2166) wifi station: got ip:192.168.*.*
I (2166) wifi station: connected to ap SSID:********
micro-ROS transport: connected using UDP mode, ip: '192.168.*.*', port: '8888'
[INFO] [0000000001.694063000] []: Created a timer with period 1000 ms.

I have publish: "Welcome on Board! #0"
I have publish: "Welcome on Board! #1"
I have publish: "Welcome on Board! #2"
I have publish: "Welcome on Board! #3"
I have publish: "Welcome on Board! #4"
                              :
                              :
```

　PC 側のエージェントを Docker を使って実行するイメージファイルを micro-ROS が公開して
います。エージェントの create、build、run を代わりに実行します。新しいターミナルを開き、
以下のコマンドを実行します。

```
$ docker run -it --rm --net=host microros/micro-ros-agent:foxy udp4 --port 8888 -v6
```

同じように、ターミナルは待機状態になります。

```
[1616468623.898314] info      | UDPv4AgentLinux.cpp | init                          |
running...            | port: 8888
[1616468623.898874] info      | Root.cpp            | set_verbose_level    | logger
setup          | verbose_level: 6
```

マイクロコントローラのリセットスイッチを押すと通信が始まります。

```
                                    :
                                    :
[1616468724.760153] debug    | UDPv4AgentLinux.cpp | send_message        | [**
<<UDP>> **]        | client_key: 0x16234FE2, len: 13, data:
0000: 81 00 00 00 0A 01 05 00 62 00 00 00 80
[1616468724.760188] debug    | UDPv4AgentLinux.cpp | send_message        | [**
<<UDP>> **]        | client_key: 0x16234FE2, len: 13, data:
0000: 81 00 00 00 0A 01 05 00 62 00 00 00 80
                                    :
                                    :
```

以降の手順は同じです。

# 第9章

Raspberry Piへの
ROS2の実装

島田の机の上に Raspberry Pi4 Model B とかかれた箱があります。島田は箱を開けて中身を確かめています。そこに山科がやってきました。

　山　「こんにちは、島田さん」
　島　「こんにちは、元気いいですね」
　山　「きょうは、Rasberry Pi ですよね。たのしみにしていました。かわいい名前がついてますよね。あっ、スイーツじゃないこと知ってますけど」
　島　「ロゴもかわいいですよね。実物はこれです」
　山　「思っていたのより小さいですね。実物を見るとちょっとおいしそうに見えます…」

　そこに内木場が入ってきました。

　内　「みなさん、こんにちは、島田君 Raspberry Pi の準備はできていますか」
　島　「はい、先生。今日使うのはスタータキットなので、必要なものは全部入っていました。そのほかにキーボード、マウス、ディスプレイでしたね」
　内　「さあ、ROS2 を Raspberry Pi に実装してみたいと思います。Raspberry Pi は安くて入手しやすいシングルボードコンピュータです」
　　　「オリジナルの Raspberry Pi OS で動作しますが、公式に Ubuntu も提供されています」
　山　「こんなに小さいのに、Ubuntu が使えるのですね。だとすると今までと同じように ROS2 が使えそうですね」
　内　「PC を使わなくてもほとんど同じように ROS2 が使えます。ロボットに乗せるとき PC でももちろんいいけど、大きいし、重いですよね」
　　　「それから、Raspberry Pi には GPIO（General-purpose input/output）と呼ばれる入出力端子があって、ハードウェアを動かすことができます。ロボットのコントローラに使うと便利です」
　山　「じゃあ、これを使ってロボットを作っていくことになるのですか」
　内　「ロボットというのには、まだ、不十分ですが自立して動くロボットシステムを作りたいと思います」
　　　「ロボットシステム作りは次回ですが、今回はロボットを動かすための ROS2 のシステムを作ります」
　　　「Raspberry Pi に Ubuntu をインストールして、ROS2 を実装します。Raspberry Pi の GPIO をコントロールするためはいくつかのシステムがありますが、ここでは、pigpio ライブラリを利用します。pigpio ライブラリは GPIO を動かすだけではなく、様々な機能を利用することができます」
　島　「Raspberry Pi4　Model B を使うのであっていますか」
　内　「はい、ラズパイ 4 です。Raspberry Pi の現行モデルは 2021 年 2 月時点で、Raspberry Pi 4 Model B です。ひとつ前のモデルは、Raspberry Pi 3 Model B+ です。ここでは、Raspberry Pi 4 Model B でメモリが 4GB のものを使いましょう。Ubuntu 20.04LTS、

ROS2 Foxy Fitzroy、pigpio でシステムを作っていきます」

「Raspberry Pi のセットアップ、プログラムの書き込みはこれまで使ってきた ROS2 をインストールした Ubuntu 20.04LTS の PC を使うことにします。この PC には ROS2 Foxy Fitzroy がインストールされています。PC を Raspberry Pi の端末として使うだけならば、Ubuntu のバージョンも ROS2 のディストリビューションもあまり気にする必要はありません」

「それでは、始めましょう」

山　島　「よろしくお願いします」

## 9－1　Raspberry Pi について

Raspberry Pi はイギリスのラズベリー財団が提供するシングルボードコンピュータです。ARM プロセッサを搭載し、もともとは Debian 系のオリジナル OS で動作しますが、Ubuntu OS も公式に提供されています。そのため、使い勝手がよく、ロボットだけではなく様々な分野に普及をしています。Raspberry Pi は様々なモデルを経て、2018 年 3 月に Raspberry Pi 3 Model B+、2019 年 6 月に Raspberry Pi 4 Model B がそれぞれリリースされました。ここでは Raspberry Pi 4 Model B　メモリ 4GB 版を使うことにします。また、OS は Ubuntu 20.04 をインストールしていきます。

Raspberry Pi 4 Model B 本体には GPIO と呼ばれる合計 40 個の 2 列のピンヘッダが配置されています。ロボットのコントローラにはモータ、サーボモータ、センサなどのハードウェアと

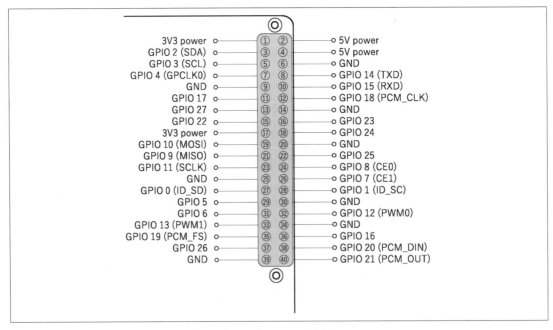

〔図 9.1〕GPIO 配置図

ソフトウェアシステムを結びつける必要があります。GPIO はその役目をします。GPIO の配置図を示します。GPIO ポートは入力出力ポートを兼ね、ソフトウェアによって設定を切り替えることができます。このほかに GND 端子と 5V、3.3V の電圧源が配置されています。ただし、これらのポートを流れる電流は限られているので、あくまでも信号を扱うことに限定します。もしも、大きな電流を流す場合は別電源を用意するなど注意が必要です。

　Raspberry Pi 本体には、システムを含めたソフトウェアを保存するものがありません。その代わり、マイクロ SD カードのスロットがあって、マイクロ SD カードに保存をします。マイクロ SD カードは抜き差しが可能です。異なるシステムをカードごとに書き込み、必要なカードを本体に挿入してシステムを使い分けることもできます。このほか、Raspberry Pi 本体には USB、HDMI、LAN のそれぞれの端子があります。キーボード、マウス、ディスプレイをつなぎ、立ち上げると初期画面が現れます。例えば、Ubuntu をインストールすれば、小さな Linux マシンのように扱うことができます。

　ここでは、本体のほかに電源、ケース、マイクロ SD カード、HDMI ケーブルが必要になります。一つ一つそろえると大変なので、はじめはスタータキットを利用すると便利です。このほかにキーボード、マウス、ディスプレイ、マイクロ SD カードアダプタが必要になりますが、一時的に必要なものなので、PC についているものなどをその都度利用すればいいでしょう。マイクロ SD カードはここでは Class10 32GB のものを使いました。

## 9-2　Ubuntu の書き込み

　まず、マイクロ SD カードのフォーマット、Raspberry Pi Imager の PC へのインストール、Ubuntu イメージファイルのダウンロード、続いて、マイクロ SD カードへの書き込みを行います。これらの処理は、Windows PC で行うのが簡単です。マイクロ SD カードのフォーマットは SD アソシエーションが提供する SD メモリーフォーマッターを使います（https://www.sdcard.org/ja/downloads-2/formatter-2/）。

　次に、Raspberry Pi Imager のインストールをします。Raspberry Pi の公式 web ページ（https://www.raspberrypi.org/）を参照し、Software に進みます。その中の Install Raspberry Pi OS using Raspberry Pi Imager の項目にある Download for Windows を選択し、インストールを始めます。インストールが終了したら、次に、Ubuntu イメージファイルのダウンロードに進みます。同じページの下のほうに Manually install an operating system image の項目にある See all download options をクリックします。Operating system images のページが開き、ロゴの入った Ubuntu Server のボタンがあり、ここを押し、ページを進めます。その中に Raspberry Pi の各モデルの写真があります。Ubuntu Server 20.04 Download 64bit を選択して、ダウンロードを始め、適当な場所にイメージファイルを保存します。保存が終了したら、先ほどインストールした Raspberry Pi Imager for Windows を立ち上げ、CHOOSE OS の中から Use custom を選択し、保存したイメージファイルを選びます。また、保存先はフォーマットしたマイクロ SD カードを選

択し、WRITE ボタンを押します。確認メッセージが出て、Yes を押すとマイクロ SD カードに
イメージの書き込みが始まります。

## 9−3　WiFi の設定

　書き込みが終了したら、WiFi 接続ができるようにファイルの書き換えをします。公式ペー
ジ（https://ubuntu.com/tutorials/how-to-install-ubuntu-on-your-raspberry-pi#3-wifi-or-ethernet）を参考
にします。エクスプローラで SD カード直下にあるファイル network.config を見つけます。こ
れをメモ帳などのエディタで開き、以下のように書き換えます。DHCP 接続の場合です。
access-points の home network の部分には SSID を、password の 123456789 の部分には WiFi の
password を入力します。どちらも "" の中に書き込みます。

```
network.config
version: 2
ethernets:
  eth0:
    dhcp4: true
    optional: true
wifis:
  wlan0:
    dhcp4: true
    optional: true
    access-points:
      "home network":
        password: "123456789"
```

　また、固定 IP を割り当てる場合は次のようにします。address 部分には固定する IP を
192.168.1.47 としました。gateway はネット環境に合わせてください。ここでは、192.168.1.1
としました。

```
network.config
version: 2
ethernets:
  eth0:
    dhcp4: true
    optional: true
wifis:
  wlan0:
    dhcp4: false
    dhcp6: false
    optional: true
    addresses: [192.168.1.47/24]
    gateway4: 192.168.1.1
    nameservers:
      addresses: [192.168.1.1]
      search: []
    access-points:
```

```
      "home network":
        password: "123456789"
```

## 9−4　Raspberry Pi の立ち上げ

　この先は、Raspberry Pi での準備になります。キーボードを USB 端子に挿入します。また HDMI 端子にモニタをつなぎ込みます。先ほど準備した Ubuntu 20.04 を書き込んだマイクロ SD カードを挿入します。これらのつなぎ込みを確認したのちに電源を投入します。電源を投入すると SD カードソケットの近くにある赤色 LED が点灯し、進行に応じて緑色の LED が点滅をします。このときモニタ上には、多数のキャラクタが流れ、場合によっては、止まったように見える場面もあるかと思います。とくに、LAN が見つからない場合、時間がかかることがあります。Raspberry Pi が問題なく立ち上がると下記のように login を求めてきます。ubuntu と入力します。

```
Ubuntu login:
```

　Password を求めてきます。ubuntu と入力します。

```
Password:
```

　Password の変更を求めてきますので、現在の Password: ubuntu を入力した後に新しい Password を入力します。また確認のためもう一度入力を求められるので、再度入力します。

```
You are required to change your password immediately (root enforced)
Changing password for ubuntu.
(current) UNIX password:
Enter new UNIX password:
Retype new UNIX password:
```

　初期のパスワードは Ubuntu です。新しいものを登録してください。ログインができたら、ここで立ち上げなおします。

```
$ sudo reboot
```

　立ち上がると ID と Password の入力が求められます。ID と変更した Password を入力すると画面が進み、先ほどファイルで指定した無線 LAN の TCP IP が wlan0 に表示されます。DHCP で接続した場合 IP をメモしましょう。ここでは、192.168.1.47 とします。

```
IPv4 address for wlan0: 192.168.1.47
```

　ここで、次のコマンドで電源を落とします。緑色のLEDの点滅が終了するのを待って、電源スイッチをOFFにします。

```
$ sudo poweroff
```

## 9-5　ssh 接続

　ここから先は、Ubuntu PCをRaspberry Piの端末として使用します。同じWiFiに接続したUbuntu PCを立ち上げて準備をしましょう。Raspberry Piからキーボード、モニタを外します。不安があれば接続をしたまま、モニタを見ながらの操作でも構いません。Ubuntu PCのターミナルを開きます。ターミナルに次のコマンドを打ち込みRaspberry Piとssh（secure shell）接続をします。さきほどメモしたTCP IPをubuntu@ に続けて入力します。

```
$ ssh ubuntu@192.168.1.47
```

　初回の接続では、次のような確認が出ます。yesを入力して続けます。

```
ECDSA key fingerprint is SHA256:xxxxxxxxxxxxxxxxxxxxxxxxxxxx/xxxxxxxxx/xxxxxxx.
Are you sure you want to continue connecting (yes/no)?
```

　パスワードの入力を求められますので、Raspberry Piで設定したパスワードの入力をしてください。

```
The authenticity of host '192.168.1.47 (192.168.1.47)' can't be established.
ECDSA key fingerprint is SHA256:5U/F05bMGFkudfxW0nR93arHevTgdMZKmm2OTITsiAo.
Are you sure you want to continue connecting (yes/no/[fingerprint])? yes
Warning: Permanently added '192.168.1.47' (ECDSA) to the list of known hosts.
ubuntu@192.168.3.47's password:
Welcome to Ubuntu 20.04.1 LTS (GNU/Linux 5.4.0-1015-raspi aarch64)

 * Documentation:  https://help.ubuntu.com
 * Management:     https://landscape.canonical.com
 * Support:        https://ubuntu.com/advantage

  System information as of Tue Feb  2 08:25:05 UTC 2021

  System load:            0.1
  Usage of /:             7.1% of 28.96GB
  Memory usage:           3%
  Swap usage:             0%
  Temperature:            44.3 C
  Processes:              131
  Users logged in:        0
  IPv4 address for wlan0: 192.168.1.47
  IPv6 address for wlan0: 2400:2411:8aa1:6800:dea6:32ff:feb5:dbd9
```

```
  * Introducing self-healing high availability clusters in MicroK8s.
    Simple, hardened, Kubernetes for production, from RaspberryPi to DC.

       https://microk8s.io/high-availability

0 updates can be installed immediately.
0 of these updates are security updates.


The list of available updates is more than a week old.
To check for new updates run: sudo apt update

Last login: Wed Apr  1 17:24:12 2020
```

このターミナル画面が、Raspberry Pi の端末になりました。プロンプトはこれまで、

```
username@pcname:~$
```

というような Ubuntu PC のホームディレクトリだったものが、

```
ubuntu@ubuntu:~$
```

にかわりました。Raspberry Pi のホームディレクトリに入ったことがわかります。

　ssh 接続のときにつぎの警告が出て、ssh 接続ができないことがあります。

```
@@@@@@@@@@@@@@@@@@@@@@@@@@@@@@@@@@@@@@@@@@@@@@@@@@@@@@@@@@@@@@@
@    WARNING: REMOTE HOST IDENTIFICATION HAS CHANGED!     @
@@@@@@@@@@@@@@@@@@@@@@@@@@@@@@@@@@@@@@@@@@@@@@@@@@@@@@@@@@@@@@@
```

　過去に同じ IP アドレスで鍵をすでに作っていて、今の鍵と違うことによって発生します。過去の鍵を消去すれば解決します。

```
$ ssh-keygen -R 192.168.1.47
```

## 9－6　ROS2 Foxy Fitzroy のインストール

　ROS2 Foxy Fitzroy を Raspberry Pi にインストールします。ここでは、Raspberry Pi の Ubuntu 20.04 OS に ROS2 Foxy Fitzroy をインストールすることになります。この本の 3 章に Ubuntu PC に ROS2 Foxy Fitzroy をインストールする手順を記しましたが、ほぼ同じ手順です。

　Raspberry Pi を ssh 接続して、Ubuntu PC を端末として使います。具体的には、Ubuntu PC の

ターミナルを開いて、以下のコマンドを入力します。

```
$ ssh ubuntu@192.168.1.47
```

その後パスワードを入力します。

　以降の手順はROS2インストールの公式webページに従ってすすめます。インストールするのはDebian packagesです。該当部分をクリックして、ページを移動します。

　Setup Localeでは、Raspberry Piに特別なことをしていなければすでにUTF-8になっているので何もしません。

　Setup Sourcesでは、updateとともにキーを追加します。

```
$ sudo apt update && sudo apt install curl gnupg2 lsb-release
$ sudo curl -sSL https://raw.githubusercontent.com/ros/rosdistro/master/ros.key  -o /
usr/share/keyrings/ros-archive-keyring.gpg
```

　次に、ソースリストにリポジトリを追加して更新します。

```
$ echo "deb [arch=$(dpkg --print-architecture) signed-by=/usr/share/keyrings/ros-
archive-keyring.gpg] http://packages.ros.org/ros2/ubuntu $(lsb_release -cs) main" |
sudo tee /etc/apt/sources.list.d/ros2.list > /dev/null
```

　Install ROS2 Packageではaptコマンドを使ってリポジトリの更新をします。

```
$ sudo apt update
```

```
Get:1 http://packages.ros.org/ROS2/ubuntu focal InRelease [4670 B]
Hit:2 http://ports.ubuntu.com/ubuntu-ports focal InRelease
Hit:3 http://ports.ubuntu.com/ubuntu-ports focal-updates InRelease
Get:4 http://packages.ros.org/ROS2/ubuntu focal/main arm64 Packages [434 kB]
Hit:5 http://ports.ubuntu.com/ubuntu-ports focal-backports InRelease
Hit:6 http://ports.ubuntu.com/ubuntu-ports focal-security InRelease
Fetched 439 kB in 2s (195 kB/s)
Reading package lists... Done
Building dependency tree
Reading state information... Done
109 packages can be upgraded. Run 'apt list --upgradable' to see them.
```

　ROS2 Foxy Fitzroyデスクトップ版をインストールします。ROS2のテストをするときに何か

と便利なのでデスクトップ版を選択します。

```
$ sudo apt install ros-foxy-desktop
```

しばらくしたあとに次のメッセージが出るので Y を押します。

```
                              :
                              :
The following packages will be upgraded:
  libcurl3-gnutls libx11-6
2 upgraded, 1102 newly installed, 0 to remove and 34 not upgraded.
Need to get 428 MB of archives.
After this operation, 2,672 MB of additional disk space will be used.
Do you want to continue? [Y/n]
```

このあと時間がかかります。% 表示で 100% になると次は、0% から 100% までのバーがカウントアップをしながらファイルの解凍とセットアップをします。以上でエラーがなく終了すれば ROS2 のインストールは終了です。

ここで、colcon のインストールをします。colcon は ROS2 のパッケージには含まれないので、別途必要になります。

```
$ sudo apt install python3-colcon-common-extensions
```

しばらくしたあとに次のメッセージが出るので Y を押します。

```
After this operation, 4789 kB of additional disk space will be used.
Do you want to continue? [Y/n]
```

同じように 0% から 100% までのバーがカウントアップをします。ここまで、正常に処理が進んだら Raspberry Pi をリブートします。

```
$ sudo reboot
```

ROS2 が正常にインストールできれば、デモプログラムを実行して確かめてみます。Raspberry Pi が立ち上がったら次のコマンドで、ROS2 環境の読込みをします。

```
$ source /opt/ros/foxy/setup.bash
```

talker を実行します。

```
$ ros2 run demo_nodes_cpp talker
```

すると、ターミナル上に定期的に"hallo world!"と連番のメッセージが流れます。

```
[INFO] [1611627840.724147242] [talker]: Publishing: 'Hello World: 1'
[INFO] [1611627841.724080629] [talker]: Publishing: 'Hello World: 2'
[INFO] [1611627842.724057441] [talker]: Publishing: 'Hello World: 3'
[INFO] [1611627843.724094751] [talker]: Publishing: 'Hello World: 4'
[INFO] [1611627844.724073987] [talker]: Publishing: 'Hello World: 5'
[INFO] [1611627845.724066407] [talker]: Publishing: 'Hello World: 6'
[INFO] [1611627846.724077011] [talker]: Publishing: 'Hello World: 7'
[INFO] [1611627847.724065392] [talker]: Publishing: 'Hello World: 8'
[INFO] [1611627848.724046346] [talker]: Publishing: 'Hello World: 9'
[INFO] [1611627849.724078354] [talker]: Publishing: 'Hello World: 10'
[INFO] [1611627850.724102139] [talker]: Publishing: 'Hello World: 11'
[INFO] [1611627851.724077609] [talker]: Publishing: 'Hello World: 12'
[INFO] [1611627852.724057114] [talker]: Publishing: 'Hello World: 13'
[INFO] [1611627853.724068989] [talker]: Publishing: 'Hello World: 14'
[INFO] [1611627854.724072381] [talker]: Publishing: 'Hello World: 15'
[INFO] [1611627855.724070216] [talker]: Publishing: 'Hello World: 16'
                                        :
                                        :
```

　次に別のターミナルを開き、Raspberry Pi と ssh 接続をします。このターミナルでも ROS2 を立ち上げて、今度は listener を実行します。

```
$ source /opt/ros/foxy/setup.bash
$ ros2 run demo_nodes_cpp listener
```

　"hallo world!"を受け取ったというメッセージが流れます。このとき talker と同期して番号表示されることがわかります。

```
[INFO] [1611627844.724814654] [listener]: I heard: [Hello World: 5]
[INFO] [1611627845.724670556] [listener]: I heard: [Hello World: 6]
[INFO] [1611627846.724707919] [listener]: I heard: [Hello World: 7]
[INFO] [1611627847.724691022] [listener]: I heard: [Hello World: 8]
[INFO] [1611627848.724713754] [listener]: I heard: [Hello World: 9]
[INFO] [1611627849.724895725] [listener]: I heard: [Hello World: 10]
[INFO] [1611627850.725008325] [listener]: I heard: [Hello World: 11]
[INFO] [1611627851.724758813] [listener]: I heard: [Hello World: 12]
[INFO] [1611627852.724638596] [listener]: I heard: [Hello World: 13]
[INFO] [1611627853.724698452] [listener]: I heard: [Hello World: 14]
[INFO] [1611627854.724708177] [listener]: I heard: [Hello World: 15]
[INFO] [1611627855.724698253] [listener]: I heard: [Hello World: 16]
                                          :
                                          :
```

Ctrl+C で両方のプログラムを終了します。以上で ROS2 がインストールできました。

## 9－7　GPIO library のインストール

Raspberry Pi の GPIO を動作させる方法は、ここで取り上げる pigpio library を利用するほかにいくつかあります。その中でも、pigpio は他のライブラリに比べて精度の高い PWM 信号の生成ができることが知られています。また、サーボモータをコントロールするための PWM を最大 32 個制御することができます。サーボモータの制御精度と個数は製作するロボットに大きな影響を与えます。このような観点から、ここでは pigpio library を使います。pigpio library の特徴ですが、プログラムの実行時には、pigpiod というデーモンが常駐します。デーモンを常駐させる手順については pigpio を使ってプログラムを実行するときに説明をします。

pigpio をインストールするために unzip が必要になります。

```
$ sudo apt install unzip
```

また、Python の setup tools をインストールしてください。

```
$ sudo apt install python-setuptools python3-setuptools
```

次に、pigpio library の公式 web ページ（http://abyz.me.uk/rpi/pigpio/）を参考にしながらインストールを始めます。web ページに記載してある Download のリンクをたどり Download and install latest version に記載された手順に従います。

```
$ wget https://github.com/joan2937/pigpio/archive/master.zip
$ unzip master.zip
$ cd pigpio-master
$ make
```

```
gcc -O3 -Wall -pthread -fpic -c -o pigpio.o pigpio.c
gcc -O3 -Wall -pthread -fpic -c -o command.o command.c
gcc -shared -pthread -Wl,-soname,libpigpio.so.1 -o libpigpio.so.1 pigpio.o command.o
ln -fs libpigpio.so.1 libpigpio.so
strip --strip-unneeded libpigpio.so
size    libpigpio.so
   text         data     bss     dec      hex filename
 300116        10720  611640  922476    e136c libpigpio.so
gcc -O3 -Wall -pthread -fpic -c -o pigpiod_if.o pigpiod_if.c
gcc -shared -pthread -Wl,-soname,libpigpiod_if.so.1 -o libpigpiod_if.so.1 pigpiod_if.o
command.o
ln -fs libpigpiod_if.so.1 libpigpiod_if.so
strip --strip-unneeded libpigpiod_if.so
size    libpigpiod_if.so
   text         data     bss     dec      hex filename
```

```
   67200        8752   49304  125256    1e948 libpigpiod_if.so
gcc -O3 -Wall -pthread -fpic -c -o pigpiod_if2.o pigpiod_if2.c
gcc -shared -pthread -Wl,-soname,libpigpiod_if2.so.1 -o libpigpiod_if2.so.1 pigpiod_
if2.o command.o
ln -fs libpigpiod_if2.so.1 libpigpiod_if2.so
strip --strip-unneeded libpigpiod_if2.so
size     libpigpiod_if2.so
  text        data     bss     dec     hex filename
  90278        8760    2936  101974    18e56 libpigpiod_if2.so
gcc -O3 -Wall -pthread   -c -o x_pigpio.o x_pigpio.c
gcc -o x_pigpio x_pigpio.o -L. -lpigpio -pthread -lrt
gcc -O3 -Wall -pthread   -c -o x_pigpiod_if.o x_pigpiod_if.c
gcc -o x_pigpiod_if x_pigpiod_if.o -L. -lpigpiod_if -pthread -lrt
gcc -O3 -Wall -pthread   -c -o x_pigpiod_if2.o x_pigpiod_if2.c
gcc -o x_pigpiod_if2 x_pigpiod_if2.o -L. -lpigpiod_if2 -pthread -lrt
gcc -O3 -Wall -pthread   -c -o pig2vcd.o pig2vcd.c
gcc -o pig2vcd pig2vcd.o
strip pig2vcd
gcc -O3 -Wall -pthread   -c -o pigpiod.o pigpiod.c
gcc -o pigpiod pigpiod.o -L. -lpigpio -pthread -lrt
strip pigpiod
gcc -O3 -Wall -pthread   -c -o pigs.o pigs.c
gcc -o pigs pigs.o command.o
strip pigs
```

```
$ sudo make install
```

```
install -m 0755 -d                          /opt/pigpio/cgi
install -m 0755 -d                          /usr/local/include
install -m 0644 pigpio.h                     /usr/local/include
install -m 0644 pigpiod_if.h                 /usr/local/include
install -m 0644 pigpiod_if2.h                /usr/local/include
install -m 0755 -d                          /usr/local/lib
install -m 0755 libpigpio.so.1       /usr/local/lib
install -m 0755 libpigpiod_if.so.1  /usr/local/lib
install -m 0755 libpigpiod_if2.so.1 /usr/local/lib
cd /usr/local/lib && ln -fs libpigpio.so.1       libpigpio.so
cd /usr/local/lib && ln -fs libpigpiod_if.so.1  libpigpiod_if.so
cd /usr/local/lib && ln -fs libpigpiod_if2.so.1 libpigpiod_if2.so
install -m 0755 -d                          /usr/local/bin
                              :
                              :
copying pigpio.py -> build/lib
running install_lib
copying build/lib/pigpio.py -> /usr/local/lib/python3.8/dist-packages
byte-compiling /usr/local/lib/python3.8/dist-packages/pigpio.py to pigpio.cpython-38.
pyc
running install_egg_info
Writing /usr/local/lib/python3.8/dist-packages/pigpio-1.78.egg-info
install -m 0755 -d                          /usr/local/man/man1
install -m 0644 p*.1                         /usr/local/man/man1
install -m 0755 -d                          /usr/local/man/man3
```

```
install -m 0644 p*.3                    /usr/local/man/man3
ldconfig
```

インストールの確認は以下のようにします。

```
$ sudo ./x_pigpio
```

```
Testing pigpio C I/F
pigpio version 78.
Hardware revision 12595474.
Mode/PUD/read/write tests.
TEST  1.1  PASS (set mode, get mode: 0)
TEST  1.2  PASS (set pull up down, read: 1)
TEST  1.3  PASS (set pull up down, read: 0)
TEST  1.4  PASS (write, get mode: 1)
TEST  1.5  PASS (read: 0)
TEST  1.6  PASS (write, read: 1)
PWM dutycycle/range/frequency tests.
TEST  2.1  PASS (set PWM range, set/get PWM frequency: 10)
TEST  2.2  PASS (get PWM dutycycle: 0)
TEST  2.3  PASS (set PWM dutycycle, callback: 0)
TEST  2.4  PASS (get PWM dutycycle: 128)
TEST  2.5  PASS (set PWM dutycycle, callback: 40)
TEST  2.6  PASS (set/get PWM frequency: 100)
TEST  2.7  PASS (callback: 400)
TEST  2.8  PASS (set/get PWM frequency: 1000)
TEST  2.9  PASS (callback: 4000)
TEST  2.10 PASS (get PWM range: 255)
TEST  2.11 PASS (get PWM real range: 200)
TEST  2.12 PASS (set/get PWM range: 2000)
TEST  2.13 PASS (get PWM real range: 200)
                                    :
                                    :
TEST  8.1  PASS (read bank 1: 0)
TEST  8.2  PASS (read bank 1: 33554432)
TEST  8.3  PASS (clear bank 1: 0)
TEST  8.4  PASS (set bank 1: 1)
TEST  8.5  PASS (read bank 2: 0)
TEST  8.6  PASS (clear bank 2: 0)
TEST  8.7  PASS (NOT APPLICABLE: 0)
TEST  8.8  PASS (set bank 2: 0)
TEST  8.9  PASS (NOT APPLICABLE: 0)
Script store/run/status/stop/delete tests.
TEST  9.1  PASS (store/run script: 100)
TEST  9.2  PASS (run script/script status: 201)
TEST  9.3  PASS (run/stop script/script status: 110)
```

セルフテストが実行され、項目ごとにテストが実施されます。

# 第10章

## Raspberry Pi制御
## ROS2ロボット

島田と山科は Raspberry Pi のまわりにある付属品をかたづけています。内木場は、ロボットシステムに使う、サーボとセンサ、そして、Raspberry Pi 専用のカメラモジュールを持ってきました。

内　「ラズパイにシステムが入って、準備 OK ですね」
島　「準備できています」
山　「いよいよプログラミングでしょうか」
内　「はいプログラミングです。この前、PC で ROS2 のプログラミングを勉強しましたね。今度はそれを応用します」
　　「ここでは、3つのプログラムを作ってみます。最初は、ロボットのアクチュエータとなるサーボモータの制御プログラムです。それから、ロボットの五感となるセンサの値を読込むプログラム。3つ目はセンサの状況に連動して PWM の値を制御する自立プログラムです。どれも ROS2 のトピックを使うと実現できます」
山　「このサーボとセンサを使うのですね。プログラムを作るのは緊張します」
内　「実は、プログラムはもう作ってあります。島田君にも確認してもらいました。山科さんは一つずつ、確かめながら入力していくことになります。ROS2 の基本的なプログラミングを使ってラズパイ用に作ったものなので、理解しながら入力できると思います」
山　「はい、少し安心しました。」
内　「サーボモータを制御するプログラムでは、talker がトピックにサーボの角度を送ります。そして、listener がトピックを読込み、pigpio library に値を受け渡します。pigpio は GPIO ポートを介して角度を指定する PWM（pulse width modulation）信号をサーボモータに送ります。それで、サーボが動きます」
　　「センサの値を読込むプログラムでは、talker が pigpio library を使って GPIO に接続したセンサの high または low を読込み、これをトピックに送ります。listener はトピックを読込み True または False の表示をします」
　　「3つ目のプログラムでは、GPIO ポートの入力に連動して PWM の値を制御します。サーボモータを制御する PWM 信号の発生はひとつ目のプログラムの listener をもとにします。センサ入力などのロボット状態の把握には、ふたつ目の talker をもとにプログラムを作ります。そして、状態の入力に連動して PWM 信号を扱う manager を新しく作ります」
　　「もちろん、センサの状態に連動してサーボモータを動かす制御を想定していますが、そのほかにもいろいろな用途に応用ができます。PWM 信号はサーボモータの制御だけでなく、モータの回転数の調整とか、LED の輝度の変化にも使います。これらはロボットのいろいろなところに応用ができます。このプログラムでは状態の把握に high と low という単純なものを扱いますが、メッセージの型を数値、文字、または特別な型にすることもできます。その方法は前にメッセージの型のところで説明をしました。」
山　「やることがいっぱいですね」
島　「大丈夫ですよ、最初は大変かもしれませんが、何回かやっているとあっという間です」
内　「後半はカメラモジュールで画像を取り込み ROS2 で画像を扱えるようにします。プロ

グラムを作るというよりは、公開されているドライバを利用するという感じです。Raspberry Pi の Ubuntu のバージョンとか ROS2 のディストリビューションに合わせて、ドライバも頻繁に更新されてるので、使うときには注意をしましょう」

山　「はいわかりました」

内　「これが終われば、いよいよ研究テーマです。研究テーマは AI 画像認識搭載のロボットでしたね」

山　「はい、研究頑張ります」

## 10 - 1　サーボモータのコントロール

　Raspberry Pi にインストールした ROS2 を使ってサーボモータの角度を実際に制御してみます。サーボモータの角度は、サーボモータに送るパルスのパルス幅によって制御する PWM 方式をとっています。1500 マイクロ秒のときにサーボモータの回転は中心位置に、それよりもパルス幅が狭い場合は時計回りに、パルス幅が広い場合は反時計回りに回転し、その角度を保持します。大体のサーボモータは、このような仕様になっていますが、回転の限界値はそれぞれ異なり、それに応じてパルス幅も異なります。

　ここで使用するサーボモータは、中心位置のパルス幅が1500 マイクロ秒、時計回りに 90° 回転の位置が 500 マイクロ秒、反時計回りに 90°回転が 2500 マイクロ秒です。サーボモータには 3 本の電線が接続されています。このうちの 1 本が PWM 制御用のものです。他の 2 本はサーボモータのモータ駆動用のプラス極と共通の GND になります。モータ駆動には大きな電流が必要です。そのため、Rapberry Pi の GPIO の 5V 端子、あるいは、3.3V 端子からの供給はせずに電源を追加します。ロボットの場合は、搭載するバッテリーから供給するようにします。このような理由からサーボモータのプラス極はバッテリーのプラス側に接続します。サーボモータの GND は電池のマイナス側につなげます。また、Raspberry Pi の PWM 出力はサーボモータの PWM 入力に、GND はサーボモータの GND に接続をします。

　ROS2 を使った、サーボモータの制御の説明をします。この段階では、まだ、サーボモータを取り外しておきます。Raspberry Pi 内部に py_servo という名前のパッケージを作ります。その中の py_servo ディレクトリに servo_publisher.py と servo_subscriber.py という名前のプログラムを作ります。servo_publisher.py は、servo_publisher というノードを作り servo_topic というトピックに決められた時間ごとにサーボモータの角度を publish し続けます。一方、servo_subscriber.py は、servo_subscriber というノードを作り、トピックスの中のメッセージを subscribe し続けます。メッセージはサーボモータの角度に対応した整数のパルス幅です。また、servo_subscriber.py ではパルス幅の値を pigpio に渡して、Raspberry Pi の GPIO から PWM 信号をサーボモータに送り出します。servo_publisher.py と servo_subscriber.py のほかに、setup.py と package.xml の修正を行い、servo_publisher.py を talker、servo_subscriber.py を listener という名前で実行できるようにします。具体的には次のようにします。

Raspberry Pi を起動して ssh 接続をしたのち、ターミナルを開き ROS2 の準備をします。

```
$ source /opt/ros/foxy/setup.bash
```

これから作るパッケージを扱うワークスペース ~/ros2_ws とその中にディレクトリ src を作ります。

```
$ cd ~/
$ mkdir ros2_ws
$ cd ros2_ws
$ mkdir src
```

src ディレクトリに移動して、パッケージ py_servo を作ります。

```
$ cd src
$ ros2 pkg create --build-type ament_python py_servo
```

```
going to create a new package
package name: py_servo
destination directory: /home/ubuntu/ROS2_ws/src
package format: 3
version: 0.0.0
description: TODO: Package description
maintainer: ['ubuntu <ubuntu@todo.todo>']
licenses: ['TODO: License declaration']
build type: ament_python
dependencies: []
creating folder ./py_servo
creating ./py_servo/package.xml
creating source folder
creating folder ./py_servo/py_servo
creating ./py_servo/setup.py
creating ./py_servo/setup.cfg
creating folder ./py_servo/resource
creating ./py_servo/resource/py_servo
creating ./py_servo/py_servo/__init__.py
creating folder ./py_servo/test
creating ./py_servo/test/test_copyright.py
creating ./py_servo/test/test_flake8.py
creating ./py_servo/test/test_pep257.py
```

src ディレクトリの中に py_servo ディレクトリができたことを確認します。さらに py_servo ディレクトリに移動して、その中に同じ名前の py_servo ディレクトリと setup.py と package. xml ファイルがあることを確認し、py_servo ディレクトリに移動します。

```
$ ls
```

```
py_servo
```

```
$ cd py_servo
$ ls
```

```
package.xml  py_servo  resource  setup.cfg  setup.py  test
```

```
$ cd py_servo
$ ls
```

```
__init__.py
```

　ここに、servo_publisher.py と servo_subscriber.py を作ります。まず、servo_publisher.py です。Raspberry Pi でのファイル操作には権限が必要ですので、sudo を付けます。

```
$ sudo touch servo_publisher.py
$ sudo vim servo_publisher.py
```

　vim エディタが立ち上がったら以下の servo_publisher.py を書き込み保存します。

```
servo_publisher.py
import rclpy
from rclpy.node import Node

from std_msgs.msg import Int16


class ServoPublisher(Node):

    def __init__(self):
        super().__init__('servo_publisher')
        self.publisher_ = self.create_publisher(Int16, 'servo_topic', 10)
        timer_period = 3
        self.timer = self.create_timer(timer_period, self.timer_callback)
        self.i = 500

    def timer_callback(self):
        msg = Int16()
        msg.data = self.i
        self.publisher_.publish(msg)
        self.get_logger().info('Publishing, "%d"' % msg.data)
```

```
            if self.i ==2500:
                self.i = 500
            else:
                self.i += 100

    def main(args=None):
        try:
            rclpy.init(args=args)

            servo_publisher = ServoPublisher()

            rclpy.spin(servo_publisher)
        except KeyboardInterrupt:
            pass
        finally:
            servo_publisher.destroy_node()
            rclpy.shutdown()


    if __name__ == '__main__':
        main()
```

servo_publisher.py のプログラムの説明をします。第 4 章で扱ったプログラム trial_publisher. py に少し書き加えていくことで作ります。trial_publisher.py は、メッセージの型に String を使いましたが、ここでは、Int16 を使うので、この部分を書き直します。

```
import rclpy
from rclpy.node import Node

from std_msgs.msg import Int16
```

class の名称を ServoPublisher として、servo_publisher というノードを定義し、Int16 型のメッセージを送るために servo_topic というトピックを用意します。servo_publisher ノードが servo_topic にメッセージを書き込む間隔を定めるために、timer_period に値を代入します。値は秒単位です。この間隔はサーボモータの動く間隔になるので、動作を確認する目的で 3 秒としています。そして、タイマー関数を使い、3 秒ごとに timer_callback を呼び出します。Int16 変数 i を定義して初期値 500 を代入します。

```
class ServoPublisher(Node):

    def __init__(self):
        super().__init__('servo_publisher')
        self.publisher_ = self.create_publisher(Int16, 'servo_topic', 10)
        timer_period = 3
        self.timer = self.create_timer(timer_period, self.timer_callback)
        self.i = 500
```

　timer_callback 関数では、Int16 型の msg を用意して、i の値を msg.data に代入します。msg をトピック servo_topic に掲示して、log データから msg の内容を Publishing, "msg" の形でターミナルに表示します。Timer_callback が呼ばれるたびに i に 100 を加算し、2500 まで加算をしたら i を 500 に戻します。

```python
def timer_callback(self):
    msg = Int16()
    msg.data = self.i
    self.publisher_.publish(msg)
    self.get_logger().info('Publishing, "%d"' % msg.data)

    if self.i ==2500:
        self.i = 500
    else:
        self.i += 100
```

　Main 関数では、ノードの初期化をしたのちに class をインスタンス化して、callback ループの実行をします。Except 以降はキーボードから中止入力（Ctrl+C）があった場合の処理をします。中止入力があった場合は servo_publisher ノードを削除して、プログラムを終了します。

```python
def main(args=None):
    try:
        rclpy.init(args=args)

        servo_publisher = ServoPublisher()

        rclpy.spin(servo_publisher)
    except KeyboardInterrupt:
        pass
    finally:
        servo_publisher.destroy_node()
        rclpy.shutdown()


if __name__ == '__main__':
    main()
```

servo_publisher.py と同じディレクトリに servo_subscriber.py を作ります。

```
$ sudo touch servo_subscriber.py
$ sudo vim servo_subscriber.py
```

以下の servo_subscriber.py を書き込み、そして保存します。

```
servo_subscriber.py
import rclpy
import pigpio
from rclpy.node import Node

from std_msgs.msg import Int16

SERVO_PIN = 22
pi = pigpio.pi()

class ServoSubscriber(Node):

    def __init__(self):
        super().__init__('servo_subscriber')
        self.subscription = self.create_subscription(
            Int16,
            'servo_topic',
            self.listener_callback,
            10)
        self.subscription

    def listener_callback(self, msg):
        self.get_logger().info('Subscribed, "%d"' % msg.data)
        p_width = msg.data
        pi.set_servo_pulsewidth(SERVO_PIN, p_width)

def main(args=None):
    try:
        rclpy.init(args=args)

        servo_subscriber = ServoSubscriber()

        rclpy.spin(servo_subscriber)

    except KeyboardInterrupt:
        pass
    finally:
        servo_subscriber.destroy_node()
    rclpy.shutdown()


if __name__ == '__main__':
    main()
```

　servo_subscriber.py のプログラムの説明をします。このプログラムも第 4 章で扱ったプログラム trial_subcriber.py を書き換えて作ります。このプログラムでは、pigpio library をつかって、GPIO にサーボモータを制御するための PWM 信号を発生させます。そのために pigpio を import します。また、Int16 型のメッセージを読み込むので、Int16 を import します。PWM 信号を出力する GPIO ポートを SERVO_PIN で定義します。ここでは 22 番ポート（Raspberry Pi 4B では 15 番ピン）を指定しています。そして、pigpio をこの段階でインスタンス化します。

```
import rclpy
import pigpio
from rclpy.node import Node

from std_msgs.msg import Int16

SERVO_PIN = 22
pi = pigpio.pi()
```

class の名称を ServoSubscriber として、servo_subscriber というノードを定義します。

```
class ServoSubscriber(Node):

    def __init__(self):
        super().__init__('servo_subscriber')
        self.subscription = self.create_subscription(
            Int16,
            'servo_topic',
            self.listener_callback,
            10)
        self.subscription
```

listener_callback 関数では、読み込んだメッセージを msg とします。log データから msg の内容を Subscribed, "msg" の形でターミナルに表示します。受け取ったデータを p_width に代入して、SERVO_PIN の PWM 信号が p_width になるよう pigpio を実行します。

```
    def listener_callback(self, msg):
        self.get_logger().info('Subscribed, "%d"' % msg.data)
        p_width = msg.data
        pi.set_servo_pulsewidth(SERVO_PIN, p_width)
```

Main 関数では、ノードの初期化をしたのちに class をインスタンス化して、トピックにメッセージが入るたびに callback ループの実行をします。以降は servo_sublisher.py と同じです。キーボードから中止入力（Ctrl+C）があった場合の処理をします。中止入力があった場合は servo_subscriber ノードを削除して、プログラムを終了します。

```
def main(args=None):
    try:
        rclpy.init(args=args)

        servo_subscriber = ServoSubscriber()

        rclpy.spin(servo_subscriber)

    except KeyboardInterrupt:
        pass
    finally:
```

```
        servo_subscriber.destroy_node()
    rclpy.shutdown()


if __name__ == '__main__':
    main()
```

setup.py と package.xml ファイルを変更します。作成した servo_publisher.py と servo_
subscriber.py があるディレクトリ py_servo の一つ上の同じ名前のディレクトリ py_servo にこれ
らのファイルがあるので移動して確認をします。

```
$ cd ~/ros2_ws/src/py_servo
$ ls
```

```
package.xml  py_servo  resource  setup.cfg  setup.py  test
```

まず、setup.py を書き換えます。

```
$ sudo vim setup.py
```

書き換えが終わったら保存します。

```
setup.py
from setuptools import setup

package_name = 'py_servo'

setup(
    name=package_name,
    version='0.0.0',
    packages=[package_name],
    data_files=[
        ('share/ament_index/resource_index/packages',
            ['resource/' + package_name]),
        ('share/' + package_name, ['package.xml']),
    ],
    install_requires=['setuptools'],
    zip_safe=True,
    maintainer='Your Name',
    maintainer_email='your@email.com',
    description='Test program of servo motor control for raspberry pi',
    license=' Apache License 2.0',
    tests_require=['pytest'],
    entry_points={
        'console_scripts': [
                'talker = py_servo.servo_publisher:main',
```

```
                        'listener = py_servo.servo_subscriber:main',
        ],
    },
)
```

パッケージについての説明を maintainer, maintainer_email description, license の部分を書き換えます。ここでは license を Apache License 2.0 としておきます。適宜、内容を変更してください。

```
    maintainer='Your Name',
    maintainer_email='your@email.com',
    description='Test program of servo motor control for raspberry pi',
    license=' Apache License 2.0',
```

エントリーポイントを次のように追加して、servo_publisher.py と servo_subscriber.py の実行をするために、console scripts にパッケージの名前と実行ファイルを示した行を追加します。servo_publisher.py の実行には talker, servo_publisher.py の実行には listener という名称を使います。

```
        'console_scripts': [
                'talker = py_servo.servo_publisher:main',
                'listener = py_servo.servo_subscriber:main',
        ],
```

つぎに、package.xml を書き換えます。

```
$ sudo vim package.xml
```

```
package.xml
<?xml version="1.0"?>
<?xml-model href="http://download.ros.org/schema/package_format3.xsd" schematypens="http://www.w3.org/2001/XMLSchema"?>
<package format="3">
  <name>py_servo</name>
  <version>0.0.0</version>
  <description> Test program of servo motor control for raspberry pi </description>
  <maintainer email="your@email.com">Your Name</maintainer>
  <license> Apache License 2.0 </license>

  <test_depend>ament_copyright</test_depend>
  <test_depend>ament_flake8</test_depend>
  <test_depend>ament_pep257</test_depend>
  <test_depend>python3-pytest</test_depend>

  <exec_depend>rclpy</exec_depend>
  <exec_depend>std_msgs</exec_depend>

  <export>
    <build_type>ament_python</build_type>
```

```
    </export>
</package>
```

書き換えが終わったら保存します。

変更部分の説明です。setup.py と同じように、パッケージについての説明事項を書きます。

```
<description> Test program of servo motor control for raspberry pi </description>
<maintainer email="your@email.com">Your Name</maintainer>
<license> Apache License 2.0 </license>
```

　次にパッケージが使う依存関係を追加します。このパッケージでは rclpy と std_msgs を使います。

```
<exec_depend>rclpy</exec_depend>
<exec_depend>std_msgs</exec_depend>
```

　次の操作ですが、colcon コマンドを使ってソースファイルをビルドします。エラーが出たときにすぐに該当箇所を書き直すことができるように、今のターミナルはそのままにして、もう一つターミナルを立ち上げます。ターミナルを立ち上げ、ssh 接続をした後は ROS2 の環境を読み込みます。

```
$ source /opt/ros/foxy/setup.bash
```

ディレクトリを移動します。

```
$ cd ros2_ws
```

colcon を使ってソースファイルをビルドします。

```
$ colcon build
```

```
Starting >>> py_servo
Finished <<< py_servo [2.31s]

Summary: 1 package finished [2.83s]
```

　エラーが出なければ次に進みます。もしもエラーが出たら、エラーメッセージを読んで、少し難しいのですが、内容を把握します。エラーは作ったプログラムのどこかにあるのですが、メッ

セージは、作成したファイルよりも上位の ROS2 プログラムにビルドしたときに発生します。作ったコードにエラーがあると上位のプログラムのエラーとしても扱われます。上位のプログラムのエラーメッセージと合わせて、作ったファイルの行番号とエラーメッセージが含まれていることがあります。その部分を修正します。修正するときには、プログラムを作った方のターミナルで修正すると修正後すぐに新しく作った方のターミナルで colcon ができるので効率的です。

　エラーが出なくなったら、プログラムを実行しますが、念のため新しいターミナルを 2 つ立ち上げて、ssh 接続をした後、どちらにも

```
$ cd ~/ros2_ws
$ source /opt/ros/foxy/setup.bash
$ . install/setup.bash
```

　どちらかのターミナルに

```
$ sudo pigpiod
```

を入力して pigpio library を起動します。pigpiod はデーモンとしてシステムに常駐します。正常に処理されれば何も起こらずに $ が表示されます。仮に二つ目のターミナルにも入力をしてみるとエラーが出て無視されます。

　一方のターミナルに

```
$ ros2 run py_servo talker
```

と入力して、servo_publisher を実行します。成功すれば、ターミナルに Publishing, 500 Publishing, 600 Publishing, 700 と 100 ずつカウントアップする log が出力されます。また、2500 が出力されると 500 に値が戻ります。

```
[INFO] [1611533291.888050117] [servo_publisher]: Publishing, "500"
[INFO] [1611533294.819306015] [servo_publisher]: Publishing, "600"
[INFO] [1611533297.816577186] [servo_publisher]: Publishing, "700"
[INFO] [1611533300.819611692] [servo_publisher]: Publishing, "800"
[INFO] [1611533303.819190771] [servo_publisher]: Publishing, "900"
[INFO] [1611533306.819498887] [servo_publisher]: Publishing, "1000"
[INFO] [1611533309.819509170] [servo_publisher]: Publishing, "1100"
[INFO] [1611533312.819554712] [servo_publisher]: Publishing, "1200"
[INFO] [1611533315.819463736] [servo_publisher]: Publishing, "1300"
[INFO] [1611533318.819514908] [servo_publisher]: Publishing, "1400"
[INFO] [1611533321.819262210] [servo_publisher]: Publishing, "1500"
[INFO] [1611533324.819621716] [servo_publisher]: Publishing, "1600"
```

```
[INFO] [1611533327.819248777] [servo_publisher]: Publishing, "1700"
[INFO] [1611533330.819634838] [servo_publisher]: Publishing, "1800"
[INFO] [1611533333.819722067] [servo_publisher]: Publishing, "1900"
[INFO] [1611533336.819844406] [servo_publisher]: Publishing, "2000"
[INFO] [1611533339.819669486] [servo_publisher]: Publishing, "2100"
[INFO] [1611533342.819637918] [servo_publisher]: Publishing, "2200"
[INFO] [1611533345.819612573] [servo_publisher]: Publishing, "2300"
[INFO] [1611533348.819593301] [servo_publisher]: Publishing, "2400"
[INFO] [1611533351.819623270] [servo_publisher]: Publishing, "2500"
[INFO] [1611533354.818598443] [servo_publisher]: Publishing, "500"
[INFO] [1611533357.819628284] [servo_publisher]: Publishing, "600"
[INFO] [1611533360.819229401] [servo_publisher]: Publishing, "700"
                              :
                              :
```

もう一方のターミナルに

```
$ ros2 run py_servo listener
```

と入力します。問題がなければ、今度は、talker の出力に同期して、Subscribed, 1100
Subscribed, 1200 などと talker と同じ値を示す log が出力されます。

```
[INFO] [1611533300.890794002] [servo_subscriber]: Subscribed, "800"
[INFO] [1611533303.820126345] [servo_subscriber]: Subscribed, "900"
[INFO] [1611533306.820289739] [servo_subscriber]: Subscribed, "1000"
[INFO] [1611533309.820607189] [servo_subscriber]: Subscribed, "1100"
[INFO] [1611533312.820666787] [servo_subscriber]: Subscribed, "1200"
[INFO] [1611533315.820766959] [servo_subscriber]: Subscribed, "1300"
[INFO] [1611533318.820394112] [servo_subscriber]: Subscribed, "1400"
[INFO] [1611533321.820177303] [servo_subscriber]: Subscribed, "1500"
[INFO] [1611533324.820751420] [servo_subscriber]: Subscribed, "1600"
[INFO] [1611533327.820109240] [servo_subscriber]: Subscribed, "1700"
[INFO] [1611533330.820655061] [servo_subscriber]: Subscribed, "1800"
[INFO] [1611533333.820636067] [servo_subscriber]: Subscribed, "1900"
[INFO] [1611533336.820530813] [servo_subscriber]: Subscribed, "2000"
[INFO] [1611533339.820629708] [servo_subscriber]: Subscribed, "2100"
[INFO] [1611533342.820603807] [servo_subscriber]: Subscribed, "2200"
[INFO] [1611533345.820655128] [servo_subscriber]: Subscribed, "2300"
[INFO] [1611533348.820680635] [servo_subscriber]: Subscribed, "2400"
[INFO] [1611533351.820736697] [servo_subscriber]: Subscribed, "2500"
[INFO] [1611533354.819421555] [servo_subscriber]: Subscribed, "500"
[INFO] [1611533357.820624487] [servo_subscriber]: Subscribed, "600"
[INFO] [1611533360.820085364] [servo_subscriber]: Subscribed, "700"
                              :
                              :
```

プログラムを終了するにはターミナルに Ctrl+C を入力します。
以上で、プログラムは出来上がりました。ここで Raspberry Pi をシャットダウンします。

```
$ sudo poweroff
```

緑の LED の点滅が終わるのを待って、Raspberry Pi の電源を切ります。

　ここで実際に、サーボモータをつなぎ、動作を確認します。前述したように Raspberry Pi は
サーボモータを駆動する電流をとることが難しいので、電池などの電源をつなぎ込みます。サ
ーボモータのプラス極に電源のプラス極、サーボモータの GND には電源のマイナス極をつな
ぎます。サーボモータの PWM 信号端子には、SERVO_PIN = 22 と指定した、GPIO の 22 番ポ
ート（Raspberry Pi 4B では 15 番ピン）に接続をします。Raspberry Pi の GPIO との接続には市
販のジャンパー線を適宜使うと便利です。最後にサーボモータの GND と GPIO の GND 端子
（Raspberry Pi 4B では 9 番ピンなど）を結線すれば作業は完了します。

　準備ができたら、Raspberry Pi の電源を入れ立ち上げ、ssh 接続ののちにターミナルを 2 個立
ち上げ、py_servo の talker と listener を実行します。問題がなければ、サーボモータが talker の
出力に応じて徐々に動き、あるところで反対方向に一気に戻る動作をします。もしもオシロス
コープがあれば観察をしてみて下さい。サーボモータとサーボモータ電源を取り去り、22 番
ポートの信号を測定します。talker の出力に合わせてパルス幅が変化する様子を見ることがで
きます。オシロスコープがない場合でも、テスターで 22 番ポートと GND との間の電圧を測
定すれば、talker の出力に応じて電圧が変化することが測定できます。これはパルスの繰り返
しが速いために、パルス幅に応じて電圧がならされて測定されるためです。

## 10－2　センサ入力
　Raspberry Pi にインストールした ROS2 を使って接続したセンサの信号を読み取ることを実
際にしてみます。センサの種類は実に多様です。速度、角速度の測定には慣性センサが主に用
いられます。距離については超音波、光学センサ、これらはロボットに多く用いられています。
そのほかにも接触センサ、圧力センサ、赤外線検出センサ、音声センサ、画像を取り込むカメ
ラもセンサに含まれるでしょう。センサに使われる素子自体は測定値に応じて、抵抗値であっ
たり、電圧であったりアナログの値を通常出力します。ですが、ロボットに搭載するときには
アナログ信号をディジタルに変換して、これらを一体としたモジュールを使う場合がほとんど
です。モジュールからの出力は、単純な on-off、数値出力、文字出力、特定の型を持った数字列、
文字列など様々あります。ROS2 にこれらの値を取り込む場合は std_msgs の型で扱えるような
らば、これまでのようにメッセージを取り込めますが、扱えない場合は第 4 章のメッセージの
型で扱ったように、センサの出力に合わせた型を用意します。

　ここでは、実際センサにつなぎこむ前に、Raspberry Pi のプログラムを作成していきます。
プログラムでは単純にセンサが high または low（1 または 0）を出力する場合を扱います。各セ
ンサが一定の閾値の範囲内にあるか、超過したかを扱うケースが実際の場合多くなります。例
えば、超音波センサで測距した場合、衝突を回避するために、ある距離を境に high または low

を返すように前もって設定する場合があります。赤外線センサで人体との衝突を避けるのにも
そのような使い方ができます。

　Raspberry Pi を起動して、ターミナルを立ち上げ ssh 接続をしたのち、毎回ですが ROS2 の
環境を読み込みます。

```
$ source /opt/ros/foxy/setup.bash
```

　これから作るパッケージを ~/ros2_ws の下層の src に移動して、パッケージ py_sensor を作り
ます。

```
$ cd ~/ros2_ws/src
$ ros2 pkg create --build-type ament_python py_sensor
```

```
going to create a new package
package name: py_sensor
destination directory: /home/ubuntu/ROS2_ws/src
package format: 3
version: 0.0.0
description: TODO: Package description
maintainer: ['ubuntu <ubuntu@todo.todo>']
licenses: ['TODO: License declaration']
build type: ament_python
dependencies: []
creating folder ./py_sensor
creating ./py_sensor/package.xml
creating source folder
creating folder ./py_sensor/py_sensor
creating ./py_sensor/setup.py
creating ./py_sensor/setup.cfg
creating folder ./py_sensor/resource
creating ./py_sensor/resource/py_sensor
creating ./py_sensor/py_sensor/__init__.py
creating folder ./py_sensor/test
creating ./py_sensor/test/test_copyright.py
creating ./py_sensor/test/test_flake8.py
creating ./py_sensor/test/test_pep257.py
```

　src ディレクトリの中に py_sensor ディレクトリができ、さらに、そのなかに py_sensor がで
きます。その py_sensor ディレクトリに移動します。同じ名前なので間違えないようにしまし
ょう。サーボモータの時と同じ手順になります。

```
$ cd py_sensor/py_sensor
```

この中に sensor_publisher.py と sensor_subscriber.py を作ります。

```
$ sudo touch sensor_publisher.py
$ sudo vim sensor_publisher.py
```

以下の sensor_publisher.py を書き込み保存します。

```
sensor_publisher.py
import rclpy
from rclpy.node import Node
from std_msgs.msg import Bool

import pigpio

SENSOR_PIN = 18


class SensorPublisher(Node):
    def __init__(self):
        super().__init__('sensor_publisher')
        self.init_sensor()
        self.publisher_ = self.create_publisher(Bool, 'sensor_topic', 10)
        timer_period = 1
        self.timer = self.create_timer(timer_period, self.timer_callback)

    def timer_callback(self):
        input_msg = Bool(data=self.sensor_input())
        self.publisher_.publish(input_msg)
        self.get_logger().info('Publishing, "%s"' % input_msg)

    def init_sensor(self):
        self.pi = pigpio.pi()
        self.pi.set_mode(SENSOR_PIN, pigpio.INPUT)
        self.pi.set_pull_up_down(SENSOR_PIN, pigpio.PUD_UP)

    def sensor_input(self):
        if self.pi.read(SENSOR_PIN) == 1:
            return True
        else:
            return False


def main(args=None):
    rclpy.init(args=args)
    sensor_publisher = SensorPublisher()
    try:
        rclpy.spin(sensor_publisher)
```

```
    except KeyboardInterrupt:
        pass
    sensor_publisher.destroy_node()
    rclpy.shutdown()


if __name__ == '__main__':
    main()
```

sensor_publisher.py のプログラムの説明をします。servo_publisher.py と基本的には同じですが、メッセージの型は high と low の2種類なので True と False を扱う Bool 型を使います。Bool を import します。また、サーボモータ publisher では pigpio に関する記述はなかったのですが、こちらにはあります。pigpio を import します。センサの入力は 18 番 GPIO ポート（12 番ピン）とします。

```
import rclpy
from rclpy.node import Node
from std_msgs.msg import Bool

import pigpio

SENSOR_PIN = 18
```

class の名称を SensorPublisher として、sensor_publisher というノードを定義します。また、Bool 型のメッセージを掲示する sensor_topic というトピックを用意します。senser_topic にメッセージを掲示する間隔を定めるために、timer_period に値を代入します。ここでは1秒とします。そして、タイマー関数を使い、1秒ごとに timer_callback を呼び出します。

```
class SensorPublisher(Node):
    def __init__(self):
        super().__init__('sensor_publisher')
        self.init_sensor()
        self.publisher_ = self.create_publisher(Bool, 'sensor_topic', 10)
        timer_period = 1
        self.timer = self.create_timer(timer_period, self.timer_callback)
```

timer_callback 関数では、Bool 型の msg を用意して、センサの値を input_msg に代入します。Input_msg をトピック sensor_topic に掲示して、log データから input_msg の内容を Publishing, "input_msg" の形でターミナルに表示します。

```
    def timer_callback(self):
        input_msg = Bool(data=self.sensor_input())
        self.publisher_.publish(input_msg)
        self.get_logger().info('Publishing, "%s"' % input_msg)
```

　Init_sensor 関数では、pigpio library の設定を行います。インスタンス化をして、SENSOR_PIN（18番ポート）を入力ポートに設定します。GPIO ピンに回路が接続されていない場合、high を出力するか low を出力するかをプルアップ抵抗に見立てて設定します。ここでは PUD_UP にして high を出力します。

```
def init_sensor(self):
    self.pi = pigpio.pi()
    self.pi.set_mode(SENSOR_PIN, pigpio.INPUT)
    self.pi.set_pull_up_down(SENSOR_PIN, pigpio.PUD_UP)
```

　sensor_input 関数では、センサの値を読み取り high の状態ならば True、low ならば False を返します。

```
def sensor_input(self):
    if self.pi.read(SENSOR_PIN) == 1:
        return True
    else:
        return False
```

　Main 関数では、ノードの初期化をしたのちに class SensorPublisher をインスタンス化します。そして、callback ループの実行をします。Except 以降はキーボードから中止入力（Ctrl+C）があった場合の処理をします。servo_publisher ノードを削除して、プログラムを終了します。

```
def main(args=None):
    rclpy.init(args=args)
    sensor_publisher = SensorPublisher()
    try:
        rclpy.spin(sensor_publisher)
    except KeyboardInterrupt:
        pass
    sensor_publisher.destroy_node()
    rclpy.shutdown()


if __name__ == '__main__':
    main()

sensor_subscriber.py を sensor_publisher.py と同じディレクトリに作ります。

$ sudo touch sensor_subscriber.py
$ sudo vim sensor_subscriber.py
```

　以下の sensor_subscriber.py を書き込みます。

```
sensor_subscriber.py
```
```
import rclpy
from rclpy.node import Node

from std_msgs.msg import Bool

class SensorSubscriber(Node):

    def __init__(self):
        super().__init__('sensor_subscriber')
        self.subscription = self.create_subscription(
            Bool,
            'sensor_topic',
            self.listener_callback,
            10)
        self.subscription

    def listener_callback(self, msg):
        self.get_logger().info('Subscribed, "%s"' % msg.data)

def main(args=None):
    try:
        rclpy.init(args=args)

        sensor_subscriber = SensorSubscriber()

        rclpy.spin(sensor_subscriber)

    except KeyboardInterrupt:
        pass
    finally:
        sensor_subscriber.destroy_node()
    rclpy.shutdown()


if __name__ == '__main__':
    main()
```

　sensor_subscriber.py のプログラムの説明をします。このプログラムでも、メッセージの型は high と low の 2 種類なので True と False を扱う Bool 型を使います。Bool を import します。

```
import rclpy
from rclpy.node import Node

from std_msgs.msg import Bool
```

　class の名称を SensorSubscriber として、sensor_subscriber というノードを定義します。

```
class SensorSubscriber(Node):

    def __init__(self):
        super().__init__('sensor_subscriber')
        self.subscription = self.create_subscription(
            Bool,
            'sensor_topic',
            self.listener_callback,
            10)
        self.subscription
```

listener_callback 関数では、トピック senser_toic から読み込んだメッセージを msg とします。そして、log データから msg の内容を Subscribed, "msg" の形でターミナルに表示します。

```
    def listener_callback(self, msg):
        self.get_logger().info('Subscribed, "%s"' % msg.data)
```

main 関数では、ノードの初期化をしたのちに class をインスタンス化して、トピックに入力があるたびに、callback ループの実行をします。以降はこれまでと同じく、キーボードから中止入力（Ctrl+C）があった場合、sensor_subscriber ノードを削除して、プログラムを終了します。

```
def main(args=None):
    try:
        rclpy.init(args=args)

        sensor_subscriber = SensorSubscriber()

        rclpy.spin(sensor_subscriber)

    except KeyboardInterrupt:
        pass
    finally:
        sensor_subscriber.destroy_node()
    rclpy.shutdown()


if __name__ == '__main__':
    main()
```

setup.py と package.xml ファイルを変更します。一つ上の同じ名前のディレクトリ py_sensor にこれらのファイルがあるので移動して確認をします。

```
$ cd ~/ros2_ws/src/py_sensor
```

はじめに、setup.py を書き換えます。

```
$ sudo vim setup.py
```

```
setup.py
from setuptools import setup

package_name = 'py_sensor'

setup(
    name=package_name,
    version='0.0.0',
    packages=[package_name],
    data_files=[
        ('share/ament_index/resource_index/packages',
            ['resource/' + package_name]),
        ('share/' + package_name, ['package.xml']),
    ],
    install_requires=['setuptools'],
    zip_safe=True,
    maintainer='Your Name',
    maintainer_email='your@email.com',
    description='Test program of sensor input for raspberry pi',
    license=' Apache License 2.0',
    tests_require=['pytest'],
    entry_points={
        'console_scripts': [
                'talker = py_sensor.sensor_publisher:main',
                'listener = py_sensor.sensor_subscriber:main',
            ],
    },
)
```

　変更部分について、パッケージについての説明を maintainer, maintainer_email description, license の部分を書き換えます。

```
    maintainer='Your Name',
    maintainer_email='your@email.com',
    description='Test program of sensor input for raspberry pi',
    license=' Apache License 2.0',
```

　sensor_publisher.py と sensor_subscriber.py の実行をするために、console scripts にパッケージの名前と実行ファイルを示した行を追加します。sensor_publisher.py、sensor_publisher.py の実行にはそれぞれ talker、listener という名称を充てます。

```
'console_scripts': [
                'talker = py_sensor.sensor_publisher:main',
                'listener = py_sensor.sensor_subscriber:main',
        ],
```

つぎに、package.xml を書き換えます。

```
$ sudo vim package.xml
```

```
package.xml
<?xml version="1.0"?>
<?xml-model href="http://download.ros.org/schema/package_format3.xsd" schematypens="http://
www.w3.org/2001/XMLSchema"?>
<package format="3">
  <name>py_sensor</name>
  <version>0.0.0</version>
  <description> Test program of sensor input for raspberry pi </description>
  <maintainer email="your@email.com">Your Name</maintainer>
  <license> Apache License 2.0 </license>

  <test_depend>ament_copyright</test_depend>
  <test_depend>ament_flake8</test_depend>
  <test_depend>ament_pep257</test_depend>
  <test_depend>python3-pytest</test_depend>

  <exec_depend>rclpy</exec_depend>
  <exec_depend>std_msgs</exec_depend>

  <export>
    <build_type>ament_python</build_type>
  </export>
</package>
```

変更部分ですが setup.py と同じように、パッケージについての説明事項を書きます。

```
  <description> Test program of sensor input for raspberry pi </description>
  <maintainer email="your@email.com">Your Name</maintainer>
  <license> Apache License 2.0 </license>
```

次にパッケージが使う依存関係を追加します。このパッケージでは rclpy と std_msgs を使います。Bool 型は std_msgs で扱います。

```
  <exec_depend>rclpy</exec_depend>
  <exec_depend>std_msgs</exec_depend>
```

　準備が整ったら、colcon コマンドを使ってソースファイルをビルドします。これまでの、ターミナルで引き続き処理をすることができますが、colcon でエラーが出たときにすぐに該当箇所を書き直すことができるように、今のターミナルはそのままにして、もう一つターミナルを立ち上げてビルドをすると便利です。ターミナルを立ち上げ ssh 接続をして、ROS2 の設定を

します。

```
$ source /opt/ros/foxy/setup.bash
```

ディレクトリを移動します。

```
$ cd ~/ros2_ws
```

py_sensor パッケージだけを対象にして、colcon を使ってソースファイルをビルドします。

```
$ colcon build --packages-select py_sensor
```

```
Starting >>> py_sensor
Finished <<< py_sensor [2.34s]

Summary: 1 package finished [2.88s]
```

エラーがなく正しく処理が終われば、新しいターミナルを 2 個立ち上げて、ssh 接続、その後どちらにも

```
$ source /opt/ros/foxy/setup.bash
$ cd ~/ros2_ws
$ . install/setup.bash
```

を入力します。そして、pigpio デーモンを常駐させるためにどちらかのターミナルに

```
$ sudo pigpiod
```

を入力します。一方のターミナルに

```
$ ros2 run py_sensor talker
```

と入力して、sensor_publisher を実行します。成功すれば、Publishing, true の log が出力されます。今はセンサが接続されていません。GPIO ポートがオープンの場合は high を読み取ります。

```
[INFO] [1611547638.692878934] [sensor_publisher]: Publishing, "std_msgs.msg.
Bool(data=True)"
[INFO] [1611547639.623634072] [sensor_publisher]: Publishing, "std_msgs.msg.
Bool(data=True)"
[INFO] [1611547640.626017297] [sensor_publisher]: Publishing, "std_msgs.msg.
```

```
Bool(data=True)"
[INFO] [1611547641.626992822] [sensor_publisher]: Publishing, "std_msgs.msg.
Bool(data=True)"
[INFO] [1611547642.627172035] [sensor_publisher]: Publishing, "std_msgs.msg.
Bool(data=True)"
[INFO] [1611547643.626917584] [sensor_publisher]: Publishing, "std_msgs.msg.
Bool(data=True)"
[INFO] [1611547644.626976839] [sensor_publisher]: Publishing, "std_msgs.msg.
Bool(data=True)"
                                              :
                                              :
```

もう一方のターミナルに

```
$ ros2 run py_sensor listener
```

と入力します。talker の出力に同期して、Subscribed, true が出力されます。

```
[INFO] [1611547640.696467883] [sensor_subscriber]: Subscribed, "True"
[INFO] [1611547641.628001228] [sensor_subscriber]: Subscribed, "True"
[INFO] [1611547642.627667072] [sensor_subscriber]: Subscribed, "True"
[INFO] [1611547643.627760880] [sensor_subscriber]: Subscribed, "True"
[INFO] [1611547644.627906949] [sensor_subscriber]: Subscribed, "True"
[INFO] [1611547645.626485744] [sensor_subscriber]: Subscribed, "True"
[INFO] [1611547646.626519299] [sensor_subscriber]: Subscribed, "True"
                                              :
                                              :
```

プログラムを終了するにはターミナルに Ctrl+C を入力します。
以上で、プログラムは出来上がりました。一度ここで Raspberry Pi をシャットダウンします。

```
$ sudo poweroff
```

緑の LED の点滅が終わるのを待って、Raspberry Pi の電源を切ります。

　実際に、センサをつなぎ、動作を確認します。多くの場合、センサはモジュールの形となっています。必要な電源は仕様に従って供給してください。電圧が 5V または 3.3V で消費電流が少ない場合は、Raspberry Pi の GPIO から供給もできます。センサの GND と Raspberry Pi の GND を接続し、センサの OUT を Raspberry Pi の 18 番ポート（Raspberry Pi 4B では 12 番ピン）に接続をします。

　準備ができたら、Raspberry Pi の電源を入れ立ち上げ、ssh 接続ののちに、py_sensor の talker と listener を別々のターミナルで実行します。問題がなければ、センサからの入力に応じて Ture と

False が入れ替わることがわかります。もしもセンサがない場合は、18番ポートにジャンパー線を接続し、GND からのジャンパー線とショートをさせることによっても確認ができます。ジャンパー線がオープンの場合は True になります。また、ショートをさせると False になります。

```
[INFO] [1611547916.164090677] [sensor_publisher]: Publishing, "std_msgs.msg.
Bool(data=True)"
[INFO] [1611547917.164083364] [sensor_publisher]: Publishing, "std_msgs.msg.
Bool(data=True)"
[INFO] [1611547918.164445645] [sensor_publisher]: Publishing, "std_msgs.msg.
Bool(data=False)"
[INFO] [1611547919.163260466] [sensor_publisher]: Publishing, "std_msgs.msg.
Bool(data=False)"
[INFO] [1611547920.164324952] [sensor_publisher]: Publishing, "std_msgs.msg.
Bool(data=False)"
[INFO] [1611547921.163287071] [sensor_publisher]: Publishing, "std_msgs.msg.
Bool(data=False)"
[INFO] [1611547922.164398727] [sensor_publisher]: Publishing, "std_msgs.msg.
Bool(data=False)"
[INFO] [1611547923.163287163] [sensor_publisher]: Publishing, "std_msgs.msg.
Bool(data=False)"
[INFO] [1611547924.163842821] [sensor_publisher]: Publishing, "std_msgs.msg.
Bool(data=False)"
[INFO] [1611547925.164246202] [sensor_publisher]: Publishing, "std_msgs.msg.
Bool(data=False)"
[INFO] [1611547926.163990586] [sensor_publisher]: Publishing, "std_msgs.msg.
Bool(data=False)"
[INFO] [1611547927.164268729] [sensor_publisher]: Publishing, "std_msgs.msg.
Bool(data=False)"
[INFO] [1611547928.164548855] [sensor_publisher]: Publishing, "std_msgs.msg.
Bool(data=False)"
[INFO] [1611547929.163249390] [sensor_publisher]: Publishing, "std_msgs.msg.
Bool(data=False)"
[INFO] [1611547930.164020277] [sensor_publisher]: Publishing, "std_msgs.msg.
Bool(data=True)"
[INFO] [1611547931.163238630] [sensor_publisher]: Publishing, "std_msgs.msg.
Bool(data=True)"
                              :
                              :
```

```
[INFO] [1611547916.164920935] [sensor_subscriber]: Subscribed, "True"
[INFO] [1611547917.164844030] [sensor_subscriber]: Subscribed, "True"
[INFO] [1611547918.165609737] [sensor_subscriber]: Subscribed, "False"
[INFO] [1611547919.164126632] [sensor_subscriber]: Subscribed, "False"
[INFO] [1611547920.165356210] [sensor_subscriber]: Subscribed, "False"
[INFO] [1611547921.164092663] [sensor_subscriber]: Subscribed, "False"
[INFO] [1611547922.165526040] [sensor_subscriber]: Subscribed, "False"
[INFO] [1611547923.164084440] [sensor_subscriber]: Subscribed, "False"
[INFO] [1611547924.164675524] [sensor_subscriber]: Subscribed, "False"
[INFO] [1611547925.164574109] [sensor_subscriber]: Subscribed, "False"
[INFO] [1611547926.164876770] [sensor_subscriber]: Subscribed, "False"
[INFO] [1611547927.165202728] [sensor_subscriber]: Subscribed, "False"
```

```
[INFO] [1611547928.165470594] [sensor_subscriber]: Subscribed, "False"
[INFO] [1611547929.164122371] [sensor_subscriber]: Subscribed, "False"
[INFO] [1611547930.164605943] [sensor_subscriber]: Subscribed, "True"
[INFO] [1611547931.164168369] [sensor_subscriber]: Subscribed, "True"
                                     :
                                     :
```

## 10－3　自立制御のためのプログラム

　ロボットでは、何かを観測あるいは測定して、次の動作に反映させます。例えば、何かに衝突しそうだったら、動作を止める、または、衝突しないように方向を変えて移動をする。ものをつかみに行く場合は、ものの位置、ものとの距離を測定して次の動作を決めるというようにです。このような大きな動きを伴わない場合にも、ロボットが静止しているのか、動いているのか、姿勢はどうか、傾いているのかという情報をモニタして、必要があれば補正をします。

　ここでは、ひとつ前のプログラムで扱ったセンサによる情報をもとにサーボモータの角度をかえるプログラムを書いてみます。このプログラムへの入力は、センサ入力をもとにしていますが、何かの状態（status）をモニタして状態に応じて high または low を測定し、その時に応じて、ロボットが自動的に何かの動作をすることを想定します。また、ロボットの動作はサーボモータを操作させたものをもとにします。サーボモータの制御では PWM 信号を発生させました。PWM 信号はサーボモータの角度を制御するだけではなく、モータの出力を制御するのにも使います。また、ロボットの状態を LED の点灯で示すこともよく行われます。単純に GPIO の high、Low でコントロールすることもできますが、PWM を使うと光量の調整もできます。

　py_robot というパッケージの中に、センサなどでロボットの状態を調べて status_topic というトピックにメッセージを送るプログラム status_publisher.py と pwm_topic というトピックを読込んで pwm 信号を発生する pwm_subscriber.py をそれぞれ作ります。そして、状態に応じて自動的に pwm 制御をするために robot_manager.py というプログラムを作ります。今までと同じように、set_up.py と package.xml を書き直します。このままだと 3 つのプログラムをそれぞれターミナルを立ち上げて実行しなければなりません。ひとつのターミナルだけで実行するように robot_system.launch.py という launch ファイルを作ります。

　プログラム作成時点では、Raspberry Pi からサーボモータとセンサは外します。これまでの手順と同じように、Raspberry Pi を起動してターミナルを立ち上げ、ssh 接続をしたのち、ROS2 の設定をします。

```
$ source /opt/ros/foxy/setup.bash
```

　パッケージ py_robot を ~/ros2_ws/src に作ります。src ディレクトリに移動して、パッケージ py_robot を作ります。

```
$ cd ~/ros2_ws/src
$ ros2 pkg create --build-type ament_python py_robot
```

```
going to create a new package
package name: py_robot
destination directory: /home/ubuntu/ROS2_ws/src
package format: 3
version: 0.0.0
description: TODO: Package description
maintainer: ['ubuntu <ubuntu@todo.todo>']
licenses: ['TODO: License declaration']
build type: ament_python
dependencies: []
creating folder ./py_robot
creating ./py_robot/package.xml
creating source folder
creating folder ./py_robot/py_robot
creating ./py_robot/setup.py
creating ./py_robot/setup.cfg
creating folder ./py_robot/resource
creating ./py_robot/resource/py_robot
creating ./py_robot/py_robot/__init__.py
creating folder ./py_robot/test
creating ./py_robot/test/test_copyright.py
creating ./py_robot/test/test_flake8.py
creating ./py_robot/test/test_pep257.py
```

　src ディレクトリにある py_robot ディレクトリのなかに同じ名前のディレクトリ py_robot が作られました。その py_robot ディレクトリに移動します。これまでと同じ手順になります。

```
$ cd py_robot/py_robot
```

　この中に status_publisher.py と pwm_subscriber.py、さらに robot_manager.py を作ります。まず、status_publisher.py です。

```
$ sudo touch status_publisher.py
$ sudo vim status_publisher.py
```

　以下の status_publisher.py を書き込み保存します。前回の sensor_publisher.py と class、ノード、トピックの名称が変わるだけです。

status_publisher.py

```python
import rclpy
from rclpy.node import Node
from std_msgs.msg import Bool

import pigpio

STATUS_PIN = 18


class StatusPublisher(Node):
    def __init__(self):
        super().__init__('status_publisher')
        self.init_status()
        self.publisher_ = self.create_publisher(Bool, 'status_topic', 10)
        timer_period = 1
        self.timer = self.create_timer(timer_period, self.timer_callback)


    def timer_callback(self):
        input_msg = Bool(data=self.status_input())
        self.publisher_.publish(input_msg)
        self.get_logger().info('Publishing: "%s"' % input_msg)


    def init_status(self):
        self.pi = pigpio.pi()
        self.pi.set_mode(STATUS_PIN, pigpio.INPUT)
        self.pi.set_pull_up_down(STATUS_PIN, pigpio.PUD_UP)


    def status_input(self):
        if self.pi.read(STATUS_PIN) == 1:
            return True
        else:
            return False



def main(args=None):
    rclpy.init(args=args)
    status_publisher = StatusPublisher()
    try:
        rclpy.spin(status_publisher)
    except KeyboardInterrupt:
        pass
    status_publisher.destroy_node()
    rclpy.shutdown()


if __name__ == '__main__':
    main()
```

次に、pwm_subscriber.py を status_publisher.py と同じディレクトリに作ります。

```
$ sudo touch pwm_subscriber.py
$ sudo vim pwm_subscriber.py
```

以下の pwm_subscriber.py を書き込みます。サーボモータを制御した servo_subscriber.py と class、ノード、トピックの名称が変わるだけです。

```
pwm_subscriber.py
import rclpy
import pigpio
from rclpy.node import Node

from std_msgs.msg import Int16

PWM_PIN = 22
pi = pigpio.pi()

class PwmSubscriber(Node):

    def __init__(self):
        super().__init__('pwm_subscriber')
        self.subscription = self.create_subscription(
            Int16,
            'pwm_topic',
            self.listener_callback,
            10)
        self.subscription

    def listener_callback(self, msg):
        self.get_logger().info('Subscribed, "%d"' % msg.data)
        p_width = msg.data
        pi.set_servo_pulsewidth(PWM_PIN, p_width)

def main(args=None):
    try:
        rclpy.init(args=args)

        pwm_subscriber = PwmSubscriber()

        rclpy.spin(pwm_subscriber)

    except KeyboardInterrupt:
        pass
    finally:
        pwm_subscriber.destroy_node()
        rclpy.shutdown()


if __name__ == '__main__':
```

```
    main()
```

robot_manager.py は同じディレクトリに以下のよう作ります。

```
$ sudo touch robot_manager.py
$ sudo vim robot_manager.py
```

以下の robot.manager.py を書き込みます。

```
robot_manager.py
import rclpy
from rclpy.node import Node

from std_msgs.msg import Int16
from std_msgs.msg import Bool


class RobotManager(Node):

    def __init__(self):
        super().__init__('robot_manager')
        self.publisher_ = self.create_publisher(Int16, 'pwm_topic', 10)
        self.subscription = self.create_subscription(
            Bool,
            'status_topic',
            self.timer_callback,
            10)
        self.i = 500

    def timer_callback(self, status_msg):
        pwm_msg = Int16()
        pwm_msg.data = self.i
        self.publisher_.publish(pwm_msg)
        self.get_logger().info('Publishing, "%d"' % pwm_msg.data)
        if status_msg.data == True:
            if self.i ==2500:
                self.i = 500
            else:
                self.i += 100
        else:
            self.i = self.i

        self.get_logger().info('Subscribed, "%s"' % status_msg.data)


def main(args=None):
    try:
        rclpy.init(args=args)

        robot_manager = RobotManager()
```

```
        rclpy.spin(robot_manager)
    except KeyboardInterrupt:
        pass
    finally:
        robot_manager.destroy_node()
        rclpy.shutdown()


if __name__ == '__main__':
    main()
```

robot_manager.py のプログラムの説明をします。このプログラムでは、メッセージの型は PWM のパルス幅を扱う Int16 と GPIO ポートの状態、True と False を扱う Bool 型の 2 種類を使います。Int16 と Bool を import します。

```
import rclpy
from rclpy.node import Node

from std_msgs.msg import Int16
from std_msgs.msg import Bool
```

class の名称を RobotManager として、robot_manager というノードを定義します。また、トピック pwm_topic に PWM の値を送る手順とトピック stataus_topic に掲示された GPIO の status の値を読みに行く準備をします。また PWM の初期値を 500 にします。

```
class RobotManager(Node):

    def __init__(self):
        super().__init__('robot_manager')
        self.publisher_ = self.create_publisher(Int16, 'pwm_topic', 10)
        self.subscription = self.create_subscription(
            Bool,
            'status_topic',
            self.timer_callback,
            10)
        self.i = 500
```

timer_callback 関数では、PWM の値を pwm_msg に代入してトピック pwm_topic に送り、log をモニタに Publishing, "500" の形でターミナルに表示します。トピック sutatus_toic から読み込んだメッセージを status_msg とします。status_msg の値が True の場合は PWM の値に 100 を加算して、2500 に達したら 500 に値を戻します。そして、log データから status_msg の内容を Subscribed, "True" の形でターミナルに表示します。

```
    def timer_callback(self, status_msg):
        pwm_msg = Int16()
        pwm_msg.data = self.i
        self.publisher_.publish(pwm_msg)
        self.get_logger().info('Publishing, "%d"' % pwm_msg.data)
        if status_msg.data == True:
            if self.i ==2500:
                self.i = 500
            else:
                self.i += 100
        else:
            self.i = self.i

        self.get_logger().info('Subscribed, "%s"' % status_msg.data)
```

　main 関数では、ノードの初期化をしたのちに class をインスタンス化して、callback ループの実行をします。以降はこれまでと同じく、キーボードから中止入力（Ctrl+C）があった場合、robot_manager ノードを削除して、プログラムを終了します。

```
def main(args=None):
    try:
        rclpy.init(args=args)

        robot_manager = RobotManager()

        rclpy.spin(robot_manager)
    except KeyboardInterrupt:
        pass
    finally:
        robot_manager.destroy_node()
        rclpy.shutdown()== '__main__':
    main()
```

　setup.py と package.xml ファイルを変更します。一つ上の同じ名前のディレクトリ py_robot にこれらのファイルがあるので移動して確認をします。

```
$ cd ~/ros2_ws/src/py_robot
```

はじめに、setup.py を書き換えます。

```
$ sudo vim setup.py
```

```
setup.py
from setuptools import setup

package_name = 'py_robot'

setup(
    name=package_name,
    version='0.0.0',
    packages=[package_name],
    data_files=[
        ('share/ament_index/resource_index/packages',
            ['resource/' + package_name]),
        ('share/' + package_name, ['package.xml']),
    ],
    install_requires=['setuptools'],
    zip_safe=True,
    maintainer='Your Name',
    maintainer_email='your@email.com',
    description='Test program for raspberry pi robot',
    license=' Apache License 2.0',
    tests_require=['pytest'],
    entry_points={
        'console_scripts': [
                'robot_manager = py_robot.robot_manager:main',
                'status_talker = py_robot.status_publisher:main',
                'pwm_listener = py_robot.pwm_subscriber:main',
    ],
    },
)
```

　変更部分についてです。パッケージについての説明を maintainer, maintainer_email description, license の部分を書き換えます。

```
    maintainer='Your Name',
    maintainer_email='your@email.com',
    description='Test program for raspberry pi robot',
    license=' Apache License 2.0',
```

　robot_manager.py と status_publisher.py と pwm_subscriber.py の実行をするために、console scripts にパッケージの名前と実行ファイルを示した行を追加します。実行にはそれぞれ robot_manager、status_talker、pwm_listener という名称を充てます。

```
                'console_scripts': [
                'robot_manager = py_robot.robot_manager:main',
                'status_talker = py_robot.status_publisher:main',
                'pwm_listener = py_robot.pwm_subscriber:main',
    ],
```

つぎに、package.xml を書き換えます。

```
$ sudo vim package.xml
```

```
package.xml
<?xml version="1.0"?>
<?xml-model href="http://download.ros.org/schema/package_format3.xsd" schematypens="http://
www.w3.org/2001/XMLSchema"?>
<package format="3">
  <name>py_robot</name>
    <version>0.0.0</version>
  <description> Test program raspberry pi robot</description>
  <maintainer email="your@email.com">Your Name</maintainer>
  <license> Apache License 2.0 </license>

  <test_depend>ament_copyright</test_depend>
  <test_depend>ament_flake8</test_depend>
  <test_depend>ament_pep257</test_depend>
  <test_depend>python3-pytest</test_depend>

  <exec_depend>rclpy</exec_depend>
  <exec_depend>std_msgs</exec_depend>

  <export>
    <build_type>ament_python</build_type>
  </export>
</package>
```

変更部分ですが setup.py と同じように、パッケージについての説明事項を書きます。

```
  <description> Test program for raspberry pi robot</description>
  <maintainer email="your@email.com">Your Name</maintainer>
  <license> Apache License 2.0 </license>
```

次にパッケージが使う依存関係ですが、このパッケージでは rclpy と std_msgs に関する 2 行を追加します。

```
  <exec_depend>rclpy</exec_depend>
  <exec_depend>std_msgs</exec_depend>
```

準備が整ったら、colcon コマンドを使ってソースファイルをビルドします。これまでの、ターミナルで引き続き処理をすることができますが、colcon でエラーが出たときにすぐに該当箇所を書き直すことができるように、今のターミナルはそのままにして、もう一つターミナルを立ち上げてビルドをすると便利です。ターミナルを立ち上げて ssh 接続後に、ROS2 を設定します。

```
$ source /opt/ros/foxy/setup.bash
```

ディレクトリを移動します。

```
$ cd ~/ros2_ws
```

py_robot パッケージだけを対象にして、colcon を使ってソースファイルをビルドします。

```
$ colcon build --packages-select py_robot
```

```
Starting >>> py_robot
Finished <<< py_robot [2.34s]

Summary: 1 package finished [2.89s]
```

エラーがなく正しく処理が終われば、新しいターミナルを 3 個立ち上げ、それぞれ、ssh 接続をし、立ち上げたターミナルに

```
$ source /opt/ros/foxy/setup.bash
$ cd ~/ros2_ws
$ . install/setup.bash
```

を入力します。そして、pigpio デーモンを常駐させるためにどちらかのターミナルに

```
$ sudo pigpiod
```

を入力します。はじめのターミナルに

```
$ ros2 run py_robot robot_manager
```

と入力して、robot_manager.py を実行します。2 つ目のターミナルに

```
$ ros2 run py_robot status_talker
```

と入力します。3 つ目のターミナルに

```
$ ros2 run py_robot pwm_listener
```

と入力します。

　はじめのターミナルでは、Publising, "500" と Subscribed, "True" という形の log がモニタに表示されます。現在、センサとサーボモータは外された状態なので status は True のままで、pwm の値は 100 ずつ加算されます。

```
[INFO] [1611556528.127311180] [robot_manager]: Publishing, "500"
[INFO] [1611556528.129777236] [robot_manager]: Subscribed, "True"
[INFO] [1611556529.061829980] [robot_manager]: Publishing, "600"
[INFO] [1611556529.065110888] [robot_manager]: Subscribed, "True"
[INFO] [1611556530.062688065] [robot_manager]: Publishing, "700"
[INFO] [1611556530.066497380] [robot_manager]: Subscribed, "True"
[INFO] [1611556531.062663281] [robot_manager]: Publishing, "800"
[INFO] [1611556531.066077818] [robot_manager]: Subscribed, "True"
[INFO] [1611556532.062613515] [robot_manager]: Publishing, "900"
[INFO] [1611556532.066039200] [robot_manager]: Subscribed, "True"
[INFO] [1611556533.062783583] [robot_manager]: Publishing, "1000"
[INFO] [1611556533.068134269] [robot_manager]: Subscribed, "True"
[INFO] [1611556534.062234596] [robot_manager]: Publishing, "1100"
[INFO] [1611556534.065558522] [robot_manager]: Subscribed, "True"
[INFO] [1611556535.061836758] [robot_manager]: Publishing, "1200"
[INFO] [1611556535.065319906] [robot_manager]: Subscribed, "True"
[INFO] [1611556536.062160142] [robot_manager]: Publishing, "1300"
                               :
                               :
```

　2つ目のターミナルでは Publising, "True" という形の log がモニタに表示されます。

```
[INFO] [1611556528.126773254] [status_publisher]: Publishing: "std_msgs.msg.
Bool(data=True)"
[INFO] [1611556529.061124517] [status_publisher]: Publishing: "std_msgs.msg.
Bool(data=True)"
[INFO] [1611556530.061504584] [status_publisher]: Publishing: "std_msgs.msg.
Bool(data=True)"
[INFO] [1611556531.061478577] [status_publisher]: Publishing: "std_msgs.msg.
Bool(data=True)"
[INFO] [1611556532.061629256] [status_publisher]: Publishing: "std_msgs.msg.
Bool(data=True)"
[INFO] [1611556533.061475472] [status_publisher]: Publishing: "std_msgs.msg.
Bool(data=True)"
[INFO] [1611556534.061295226] [status_publisher]: Publishing: "std_msgs.msg.
Bool(data=True)"
[INFO] [1611556535.061136998] [status_publisher]: Publishing: "std_msgs.msg.
Bool(data=True)"
[INFO] [1611556536.061212068] [status_publisher]: Publishing: "std_msgs.msg.
Bool(data=True)"
                               :
                               :
```

　3つ目のターミナルでは、Subscribed, "500" のかたちの log が robot_manager に同期してモニタに表示されます。

```
[INFO] [1611556529.132314339] [pwm_subscriber]: Subscribed, "600"
[INFO] [1611556530.063419417] [pwm_subscriber]: Subscribed, "700"
[INFO] [1611556531.063369633] [pwm_subscriber]: Subscribed, "800"
[INFO] [1611556532.063282330] [pwm_subscriber]: Subscribed, "900"
[INFO] [1611556533.063731065] [pwm_subscriber]: Subscribed, "1000"
[INFO] [1611556534.062718430] [pwm_subscriber]: Subscribed, "1100"
[INFO] [1611556535.063114054] [pwm_subscriber]: Subscribed, "1200"
[INFO] [1611556536.062702994] [pwm_subscriber]: Subscribed, "1300"
                                    :
                                    :
```

　プログラムを終了するにはターミナルにそれぞれのターミナルに Ctrl+C を入力します。その後、Raspberry Pi を終了します。

```
$ sudo poweroff
```

　3 つのターミナルで、3 つのプログラムを実行するのは、手間がかかります。そこで launch を使います。同じパッケージの中に launch を作ってもいいのですが、ここでは、launch 用に一つのパッケージを専用に作ります。launch はパッケージをまたいで、ファイルを実行することができます。この先、大きなシステムを作る場合、パッケージごとにプログラムをモジュール化して、必要に応じて各パッケージの必要なファイルを実行するようにすれば、効率的にプログラムの開発ができます。また、各プログラムの実行の状況が把握しやすくなります。これまでと同じように、~/ros2_ws/src のディレクトリにパッケージを作ります。以下に手順を示します。

　新しいターミナルを立ち上げ、ssh 接続を行い、ROS2 を設定します。

```
$ source /opt/ros/foxy/setup.bash
```

~/ros2_ws/src ディレクトリに移動して、パッケージ launch_robot を作ります。

```
$ cd ~/ros2_ws/src
$ ros2 pkg create --build-type ament_python launch_robot
```

```
going to create a new package
package name: launch_robot
destination directory: /home/ubuntu/ROS2_ws/src
package format: 3
version: 0.0.0
description: TODO: Package description
maintainer: ['ubuntu <ubuntu@todo.todo>']
licenses: ['TODO: License declaration']
build type: ament_python
dependencies: []
creating folder ./launch_robot
```

```
creating ./launch_robot/package.xml
creating source folder
creating folder ./launch_robot/launch_robot
creating ./launch_robot/setup.py
creating ./launch_robot/setup.cfg
creating folder ./launch_robot/resource
creating ./launch_robot/resource/launch_robot
creating ./launch_robot/launch_robot/__init__.py
creating folder ./launch_robot/test
creating ./launch_robot/test/test_copyright.py
creating ./launch_robot/test/test_flake8.py
creating ./launch_robot/test/test_pep257.py
```

　src ディレクトリの中に launch_robot ディレクトリができたことを確認して、さらに launch_robot ディレクトリに移動して、その中に launch フォルダを作ります。

```
$ cd launch_robot
$ mkdir launch
```

launch フォルダに移動して、launch ファイル robot_system.launch.py を作ります。

```
$ cd launch
$ sudo touch robot_system.launch.py
$ sudo vim robot_system.launch.py
```

　launch ファイルの名称は .launch.py または _launch.py を末尾にすることが必要です。ここでは launch.py を末尾にします。次に、ファイルを記述します。

```
robot_system.launch.py
from launch import LaunchDescription
from launch_ros.actions import Node

def generate_launch_description():
    return LaunchDescription([
        Node(
            package='py_robot',
            executable='robot_manager',
        ),
        Node(
            package='py_robot',
            executable='status_talker',
        ),
        Node(
            package='py_robot',
            executable='pwm_listener',
        )
```

```
    ])
```

そして、setup.py を書き換えます。

```
$ cd ~/ros2_ws/src/launch_robot
$ sudo vim setup.py
```

```
setup.py
from glob import glob
from setuptools import setup

package_name = 'launch_robot'

setup(
    name=package_name,
    version='0.0.0',
    packages=[package_name],
    data_files=[
        ('share/ament_index/resource_index/packages',
            ['resource/' + package_name]),
        ('share/' + package_name, ['package.xml']),
        ('share/' + package_name, glob('launch/*.launch.py'))
    ],
    install_requires=['setuptools'],
    zip_safe=True,
    maintainer='Your Name',
    maintainer_email='your@email.com',
    description='Test launch program for raspberry pi robot',
    license=' Apache License 2.0',
    tests_require=['pytest'],
    entry_points={
        'console_scripts': [
            'robot_manager = py_robot.robot.manager:main',
            'status_manager = py_robot.status_publisher:main',
            'pwm_listener = py_robot.pwm_subscriber:main',
        ],
    },
)
```

もとのものに数行の追加をします。まず、1 行目の

```
from glob import glob
```

中ほどの

```
        ('share/' + package_name, glob('launch/*.launch.py'))
```

です。この行は、launch フォルダの *.launch.py を関係づけるもので、launch ファイルの末尾に
_launch.py を使うのならば、*_launch.py にします。

そして以下の行の追加です。

```
        'console_scripts': [
            'robot_manager = py_robot.robot_manager:main',
            'status_talker = py_robot.status_publisher:main',
            'pwm_listener = py_robot.pwm_subscriber:main',
        ],
```

さらに、package.xml を書き換えます。これまでと同じです。

```
$ sudo vim package.xml
```

```
package.xml
<?xml version="1.0"?>
<?xml-model href="http://download.ros.org/schema/package_format3.xsd" schematypens="http://
www.w3.org/2001/XMLSchema"?>
<package format="3">
  <name>launch_robot</name>
    <version>0.0.0</version>
  <description> Test launch program raspberry pi robot</description>
  <maintainer email="your@email.com">Your Name</maintainer>
  <license> Apache License 2.0 </license>

  <test_depend>ament_copyright</test_depend>
  <test_depend>ament_flake8</test_depend>
  <test_depend>ament_pep257</test_depend>
  <test_depend>python3-pytest</test_depend>

  <exec_depend>rclpy</exec_depend>
  <exec_depend>std_msgs</exec_depend>

  <export>
    <build_type>ament_python</build_type>
  </export>
</package>
```

準備ができたら、もう一つのターミナルを開いて、ssh 接続をして、ROS2 の準備をします。

```
$ source /opt/ros/foxy/setup.bash
$ cd ros2_ws
```

colcon を使って launch_robot パッケージだけを対象にして、ソースファイルをビルドします。

```
$ colcon build --packages-select launch_robot
```

```
Starting >>> launch_robot
Finished <<< launch_robot [2.33s]

Summary: 1 package finished [2.88s]
```

　エラーが出なければ、このままのターミナルでもいいのですが、念のためにターミナルをもう一つ開きます。ssh 接続をして、ROS2 の準備をします。

```
$ source /opt/ros/foxy/setup.bash
$ cd ~/ros2_ws
$ . install/setup.bash
```

　pigpio デーモンを常駐させますが、すでにどこかのターミナルでこの処理がされていればエラーが出力されます。

```
$ sudo pigpiod
```

　そして、launch をします。

```
$ ros2 launch launch_robot robot_system.launch.py
```

　以下のような log がモニタに流れ、処理が行われたことがわかります。

```
[INFO] [launch]: All log files can be found below /home/ubuntu/.ros/log/2021-01-26-01-
24-23-555022-ubuntu-2474
[INFO] [launch]: Default logging verbosity is set to INFO
[INFO] [robot_manager-1]: process started with pid [2476]
[INFO] [status_talker-2]: process started with pid [2478]
[INFO] [pwm_listener-3]: process started with pid [2480]
[status_talker-2] [INFO] [1611624266.986414278] [status_publisher]: Publishing: "std_
msgs.msg.Bool(data=True)"
[robot_manager-1] [INFO] [1611624266.986585963] [robot_manager]: Publishing, "500"
[pwm_listener-3] [INFO] [1611624266.988247811] [pwm_subscriber]: Subscribed, "500"
[robot_manager-1] [INFO] [1611624266.989480216] [robot_manager]: Subscribed, "True"
[status_talker-2] [INFO] [1611624267.913019941] [status_publisher]: Publishing: "std_
msgs.msg.Bool(data=True)"
[robot_manager-1] [INFO] [1611624267.913928957] [robot_manager]: Publishing, "600"
[pwm_listener-3] [INFO] [1611624267.915861860] [pwm_subscriber]: Subscribed, "600"
[robot_manager-1] [INFO] [1611624267.918596483] [robot_manager]: Subscribed, "True"
[status_talker-2] [INFO] [1611624268.914012913] [status_publisher]: Publishing: "std_
msgs.msg.Bool(data=True)"
[robot_manager-1] [INFO] [1611624268.915149522] [robot_manager]: Publishing, "700"
```

```
[pwm_listener-3] [INFO] [1611624268.916568407] [pwm_subscriber]: Subscribed, "700"
[robot_manager-1] [INFO] [1611624268.920802990] [robot_manager]: Subscribed, "True"
[status_talker-2] [INFO] [1611624269.913092376] [status_publisher]: Publishing: "std_
msgs.msg.Bool(data=True)"
[robot_manager-1] [INFO] [1611624269.914020504] [robot_manager]: Publishing, "800"
[pwm_listener-3] [INFO] [1611624269.914997872] [pwm_subscriber]: Subscribed, "800"
[robot_manager-1] [INFO] [1611624269.918256512] [robot_manager]: Subscribed, "True"
[status_talker-2] [INFO] [1611624270.913704007] [status_publisher]: Publishing: "std_
msgs.msg.Bool(data=True)"
                                              :
                                              :
^C[WARNING] [launch]: user interrupted with ctrl-c (SIGINT)
[INFO] [pwm_listener-3]: process has finished cleanly [pid 2480]
[INFO] [robot_manager-1]: process has finished cleanly [pid 2476]
[INFO] [status_talker-2]: process has finished cleanly [pid 2478]
```

　次にデバイスをつなぎこみ確認をします。配線作業のときは必ず電源を落とします。

```
$ sudo poweroff
```

　緑の LED の点滅が終わったことを確認し、スイッチを切ります。ここで、GPIO に適当なデバイスをつなぎます。サーボモータ、モータ、LED などの PWM デバイスは 22 番ポート（Raspberry Pi 4B+ では 15 番ピン）、センサ、スイッチのような high、low を出力するものは 18 番ポート（Raspberry Pi 4B+ では 12 番ピン）につなぎます。配線を確認した後に Raspberry Pi の電源スイッチを入れます。これまでの手順と同じように、ssh 接続をしたのち、ターミナルを立ち上げ以下のコマンドを入力します。

```
$ cd ~/ros2_ws
$ source /opt/ros/foxy/setup.bash
$ . install/setup.bash
$ ros2 launch launch_robot robot_system.launch.py
```

　センサ入力の変化に対応して以下のような、やり取りがモニタに表示されます。

```
[INFO] [launch]: All log files can be found below /home/ubuntu/.ros/log/2021-01-26-01-
28-51-685898-ubuntu-2544
[INFO] [launch]: Default logging verbosity is set to INFO
[INFO] [robot_manager-1]: process started with pid [2546]
[INFO] [status_talker-2]: process started with pid [2548]
[INFO] [pwm_listener-3]: process started with pid [2550]
[robot_manager-1] [INFO] [1611624534.732920926] [robot_manager]: Publishing, "500"
[status_talker-2] [INFO] [1611624534.733770147] [status_publisher]: Publishing: "std_
msgs.msg.Bool(data=True)"
[pwm_listener-3] [INFO] [1611624534.734974201] [pwm_subscriber]: Subscribed, "500"
[robot_manager-1] [INFO] [1611624534.735793755] [robot_manager]: Subscribed, "True"
[status_talker-2] [INFO] [1611624535.663310535] [status_publisher]: Publishing: "std_
```

```
msgs.msg.Bool(data=True)"
[robot_manager-1] [INFO] [1611624535.664283293] [robot_manager]: Publishing, "600"
[pwm_listener-3] [INFO] [1611624535.665559828] [pwm_subscriber]: Subscribed, "600"
[robot_manager-1] [INFO] [1611624535.668408028] [robot_manager]: Subscribed, "True"
[status_talker-2] [INFO] [1611624536.662047368] [status_publisher]: Publishing: "std_
msgs.msg.Bool(data=True)"
                                          :
                                          :
[robot_manager-1] [INFO] [1611624682.663395631] [robot_manager]: Publishing, "2400"
[pwm_listener-3] [INFO] [1611624682.664516093] [pwm_subscriber]: Subscribed, "2400"
[robot_manager-1] [INFO] [1611624682.667954997] [robot_manager]: Subscribed, "False"
[status_talker-2] [INFO] [1611624683.662440191] [status_publisher]: Publishing: "std_
msgs.msg.Bool(data=True)"
[robot_manager-1] [INFO] [1611624683.663350727] [robot_manager]: Publishing, "2400"
[pwm_listener-3] [INFO] [1611624683.664798448] [pwm_subscriber]: Subscribed, "2400"
[robot_manager-1] [INFO] [1611624683.667791167] [robot_manager]: Subscribed, "True"
[status_talker-2] [INFO] [1611624684.662439419] [status_publisher]: Publishing: "std_
msgs.msg.Bool(data=True)"
[robot_manager-1] [INFO] [1611624684.663559788] [robot_manager]: Publishing, "2500"
[pwm_listener-3] [INFO] [1611624684.664603898] [pwm_subscriber]: Subscribed, "2500"
[robot_manager-1] [INFO] [1611624684.668135339] [robot_manager]: Subscribed, "True"
[status_talker-2] [INFO] [1611624685.663226241] [status_publisher]: Publishing: "std_
msgs.msg.Bool(data=True)"
[robot_manager-1] [INFO] [1611624685.664186018] [robot_manager]: Publishing, "500"
[pwm_listener-3] [INFO] [1611624685.665371480] [pwm_subscriber]: Subscribed, "500"
[robot_manager-1] [INFO] [1611624685.667972440] [robot_manager]: Subscribed, "True"
[status_talker-2] [INFO] [1611624686.663131399] [status_publisher]: Publishing: "std_
msgs.msg.Bool(data=True)"
                                          :
                                          :
^C[WARNING] [launch]: user interrupted with ctrl-c (SIGINT)
[INFO] [pwm_listener-3]: process has finished cleanly [pid 2550]
[INFO] [robot_manager-1]: process has finished cleanly [pid 2546]
[INFO] [status_talker-2]: process has finished cleanly [pid 2548]
```

statuss が Ture のときは PWM の値が 2500 よりも小さい場合、値を 100 ずつ加算します。2500 に達すると値は 500 に戻ります。また、statuss が False のときは PWM の値をそのままにします。

## 10－4　カメラからの画像情報の取得

Raspberry Pi にカメラモジュールを取り付け、動画を取り込み、ROS2 のトピックに送ります。カメラを取り付けたあとに、第 7 章で扱った v4l2_camera を再びインストールして動画を扱うトピックを作ります。ただし第 7 章では動画データをそのまま使いましたが、Raspberry Pi の処理に合わせて、データを圧縮する方法も扱います。

Raspberry Pi にカメラモジュールを取り付けます。ここでは Raspberry Pi Camera V2 を使いました。カメラをインストールするために、Raspberry Pi の設定ファイルにカメラを追加します。ブート領域にあるファイル config.txt の最終行に 2 行を書き足します。

```
$ cd /boot/firmware/
$ sudo vim config.txt
```

```
config.txt
[pi4]
kernel=uboot_rpi_4.bin
max_framebuffers=2

[pi2]
kernel=uboot_rpi_2.bin

[pi3]
kernel=uboot_rpi_3.bin

[all]
arm_64bit=1
device_tree_address=0x03000000

# The following settings are "defaults" expected to be overridden by the
# included configuration. The only reason they are included is, again, to
# support old firmwares which don't understand the "include" command.

enable_uart=1
cmdline=cmdline.txt

include syscfg.txt
include usercfg.txt

start_x=1
gpu_mem=128
```

最後の2行がカメラの設定に必要な行です。
config.txt を書き換え保存したら、再起動をします。

```
$ sudo reboot
```

確認のために Raspberry Pi から画像を web にストリーミングして、コントロールしている
Ubuntu PC でモニタします。ssh 接続をして、次のコマンドを入力します。

```
$ sudo apt-get update
$ sudo apt-get install -y cmake libv4l-dev libjpeg-dev imagemagick
$ svn co https://svn.code.sf.net/p/mjpg-streamer/code/mjpg-streamer mjpg-streamer
```

svn はインストールされていないので、画面に出てくる指示に従ってインストールをしてください。

このあと make してインストールします。そのときにディレクトリを移動します。

```
$ cd mjpg-streamer
$ sudo make install
```

```
install --mode=755 mjpg_streamer /usr/local/bin
install --mode=644 input_uvc.so output_file.so output_udp.so output_http.so input_
testpicture.so input_file.so /usr/local/lib/
install --mode=755 -d /usr/local/www
install --mode=644 -D www/* /usr/local/www
```

インストールが正常にできれば、次のコマンドで画像をストリーミングします。ディレクトリ mjpg-streamer の中で実行します。

```
$ sudo ./mjpg_streamer -i "./input_uvc.so -f 15 -r 640x480 -d /dev/video0 -y -n" -o
"./output_http.so -w ./www -p 8080"
```

ここでは、8080 ポートにフレームレート 15、画像サイズ 640×480 のストリーミング画像を送ります。

```
MJPG Streamer Version: svn rev: 3:172
 i: Using V4L2 device.: /dev/video0
 i: Desired Resolution: 640 x 480
 i: Frames Per Second.: 15
 i: Format...........: YUV
 i: JPEG Quality.....: 80
 o: www-folder-path...: ./www/
 o: HTTP TCP port.....: 8080
 o: username:password.: disabled
 o: commands..........: enabled
```

モニタは、今接続をしている PC を使います。ブラウザを立ち上げ、アドレスの部分に次を入力してください。

http://192.168.1.47:8080/?action=stream

　以降は7章で扱ったように v4ls_camera をインストールしていきます。ssh 接続をしてインストールします。mjpg-streamer は終了してください。新しいターミナルを開け、ssh 接続をして以下のコマンドを入力します。

```
$ sudo apt-get install ros-foxy-v4l2-camera
```

```
Reading package lists... Done
Building dependency tree
Reading state information... Done
The following additional packages will be installed:
  ros-foxy-camera-calibration-parsers ros-foxy-camera-info-manager
The following NEW packages will be installed:
  ros-foxy-camera-calibration-parsers ros-foxy-camera-info-manager
  ros-foxy-v4l2-camera
0 upgraded, 3 newly installed, 0 to remove and 114 not upgraded.
Need to get 223 kB of archives.
After this operation, 1076 kB of additional disk space will be used.
Do you want to continue? [Y/n]
```

　v4l2_camera を起動します。

```
$ source /opt/ros/foxy/setup.bash
$ ros2 run v4l2_camera v4l2_camera_node
```

```
[INFO] [1612259865.396853187] [v4l2_camera]: Driver: uvcvideo
[INFO] [1612259865.397406176] [v4l2_camera]: Version: 328782
[INFO] [1612259865.397543418] [v4l2_camera]: Device: BUFFALO BSW32KM04 USB Camera
                                   :
                                   :
[INFO] [1612259865.397659568] [v4l2_camera]: Location: usb-0000:01:00.0-1.2
[INFO] [1612259865.397765884] [v4l2_camera]: Capabilities:
[INFO] [1612259865.397863571] [v4l2_camera]:   Read/write: NO
[INFO] [1612259865.397961257] [v4l2_camera]:   Streaming:  YES
[INFO] [1612259865.398090962] [v4l2_camera]: Current pixel format: YUYV @ 640x480
[INFO] [1612259865.548220660] [v4l2_camera]: Available pixel formats:
[INFO] [1612259865.548403847] [v4l2_camera]:   YUYV - YUYV 4:2:2
[INFO] [1612259865.548515312] [v4l2_camera]:   MJPG - Motion-JPEG
[INFO] [1612259865.548616128] [v4l2_camera]: Available controls:
[INFO] [1612259865.554039178] [v4l2_camera]:   Brightness (1) = 0
[INFO] [1612259865.559488525] [v4l2_camera]:   Contrast (1) = 32
[INFO] [1612259865.564932279] [v4l2_camera]:   Saturation (1) = 64
[INFO] [1612259865.570377441] [v4l2_camera]:   Hue (1) = 0
[INFO] [1612259865.570517905] [v4l2_camera]:   White Balance Temperature, Auto (2) = 1
[INFO] [1612259865.575829621] [v4l2_camera]:   Gamma (1) = 80
[INFO] [1612259865.581265782] [v4l2_camera]:   Power Line Frequency (3) = 1
[INFO] [1612259865.584301506] [v4l2_camera]:   White Balance Temperature (1) = 5000
[INFO] [1612259865.589756482] [v4l2_camera]:   Sharpness (1) = 20
[INFO] [1612259865.592639408] [v4l2_camera]:   Privacy (2) = 0
[ERROR] [1612259865.628464658] [v4l2_camera]: Failed setting value for control White
Balance Temperature to 5000: Invalid or incomplete multibyte or wide character (84)
[INFO] [1612259865.638187966] [v4l2_camera]: Starting camera
[INFO] [1612259866.763783276] [v4l2_camera]: using default calibration URL
[INFO] [1612259866.764318042] [v4l2_camera]: camera calibration URL: file:///home/
ubuntu/.ros/camera_info/buffalo_bsw32km04_usb_camera
:.yaml
[ERROR] [1612259866.764812141] [camera_calibration_parsers]: Unable to open camera
calibration file [/home/ubuntu/.ros/camera_info/buffalo_bsw32km04_usb_camera
:.yaml]
[WARN] [1612259866.764949050] [v4l2_camera]: Camera calibration file /home/ubuntu/.
ros/camera_info/buffalo_bsw32km04_usb_camera
:.yaml not found
```

ワーニングが出ますが、カメラの設定に関することなので、今のところはそのままにしておきます。

　ここで、どのようなトピックがあるのかを確認します。新しいターミナルを開き、ssh 接続をして

```
$ source /opt/ros/foxy/setup.bash
$ ros2 topic list
```

```
/camera_info
/image_raw
/parameter_events
/rosout
```

確認をしたら Ctrl+C で v4l2_camera のプログラムを終了します。

次に、7章では扱わなかった、データを圧縮の方法を説明します。そのためにいくつかのソースコードをダウンロードして、その後ビルドします。新しいターミナルを開き、ssh 接続をし、ワークスペース (ros2_ws) に移動して、その中にソースコードをクローンします。

```
$ cd ros2_ws
$ git clone --branch ros2 https://github.com/ros-perception/image_common.git src/
image_common
$ git clone https://github.com/ros-perception/vision_opencv.git --branch ros2 src/
vision_opencv
$ git clone https://github.com/ros-perception/image_transport_plugins.git --branch
ros2 src/image_transport_plugins
```

プラグインをビルドをするためのツールをインストールします。すでに入っている場合もあります。

```
$ sudo apt install libtheora-dev libogg-dev libboost-python-dev
```

念のために ROS2 の環境読み込をして、また、ディレクトリの現在位置が ~/ros2_ws なのを確認してからビルドします。

```
$ source /opt/ros/foxy/setup.bash
$ colcon build
```

```
Starting >>> cv_bridge
Starting >>> image_transport
Starting >>> camera_calibration_parsers
Starting >>> image_geometry
[Processing: camera_calibration_parsers, cv_bridge, image_geometry, image_transport]
[Processing: camera_calibration_parsers, cv_bridge, image_geometry, image_transport]
Finished <<< image_geometry [1min 5s]
Finished <<< camera_calibration_parsers [1min 13s]
Starting >>> camera_info_manager
Finished <<< camera_info_manager [22.1s]
:
:
Summary: 13 packages finished [5min 16s]
    2 packages had stderr output: compressed_depth_image_transport theora_image_
transport
```

２つのパッケージでエラーが出ますが、デプスイメージに関わるものなのでここでは無視します。ワークスペースの環境読み込みをして、カメラ画像をトピックに送ります。

```
$ . install/setup.bash
$ ros2 run v4l2_camera v4l2_camera_node
```

別のターミナルを立ち上げssh接続をしてトピックを確認します。

```
$ source /opt/ros/foxy/setup.bash
$ ros2 topic list
```

```
/camera_info
/image_raw
/image_raw/compressed
/image_raw/compressedDepth
/image_raw/theora
/image_raw/uncompressed
/parameter_events
/rosout
```

/image_raw/compressed

があることが確認できます。これで、圧縮データがトピック /image_raw/compressed に送られていることがわかります。

ros2 run v4l2_camera v4l2_camera_node は少し注意が必要です。圧縮するためには、ディレクトリはワークスペースの中でワークスペースの環境読み込みができている必要があります。ros2_ws のなかで、install/setup.bash が必要です。

Raspberry Pi の本体にキーボードとディスプレイ、マウスを接続して、トピック image_raw を確認します。すべてのプログラムを終了して、システムを終了します。

```
$ sudo poweroff
```

電源を切り、Raspberry Pi にキーボードとディスプレイ、マウスを接続して、その後、ふたたび電源を入れます。Raspberry Pi に接続したディスプレイにデスクトップが現れたら、ログインします。

Ubuntu PC の新しいターミナルを立ち上げssh接続をします。次のようにカメラ画像のノードを立ち上げトピックに画像を送ります。

```
$ source /opt/ros/foxy/setup.bash
$ cd ~/ros2_ws
$ . install/setup.bash
$ ros2 run v4l2_camera v4l2_camera_node
```

Raspberry Pi 側のターミナルを立ち上げ、画像を RQt を使って直接モニタします。

```
$ source /opt/ros/foxy/setup.bash
$ ros2 run rqt_image_view rqt_image_view
```

左上のボックスに /image_raw をいれます。リアルタイムにストリーミング画像が現れます。

# 第11章

おわりに

ROS2 を使った AI 画像認識のテーマを始めた山科が内木場ところにやってきました。

山 「先生、先日は進路のことで時間をとっていただき、ありがとうございました。研究を
　　始める前は、就職活動していて、漠然とロボット関係の会社に行きたいなと思ってい
　　ました。でも、このままでは専門的な知識が足りないないし、どうしようという感じ
　　です。それから、研究に興味がわいてきました。大学院への進学も考えたいと思って
　　います」
内 「研究に興味が出たのはうれしいですね。それから、今足りないことがわかるのって進
　　歩だと思います」
山 「うれしいです。でも、足りないことばかりで」
　　「ロボットについては、始めは何となくいいなと思っていただけでしたが、ロボットの
　　研究開発をしていると自分が未来を創ることに参加できそうで、何よりも楽しいし夢
　　があります。人も自分も幸せになれそうです」
内 「面白いことに気づきましたね。進路はとても大切なことです。山科さんが社会に出て、
　　例えば研究開発を始めて、何かを創り出して皆さんが実際に使うようになるのは、30
　　年後ぐらいのことでしょうか。納得がいくまで考えましょう。ちょうど、博士コース
　　まで進んだ島田君がいるので、いい参考になると思います」

　この本のはじめに 30 年後の未来を想像してみました。2020 年代に生きる我々からは遠い未
来で想像するのも難しいことです。ずいぶん乱暴な想像だったかもしれません。ですが、30
年後の未来に到達するまでに、ロボットが社会に大きな影響を与えることは間違いないと思い
ます。

　だとすれば、次世代のロボット共通プラットホームになる ROS2 の果たす役割はいまから想
像できるよりもはるかに重要なものになるでしょう。この本では、ROS2 の基礎、ROS2 のプ
ログラミング、ROS2 を支えるシステム、ROS2 を拡張するツール、ROS2 で使うハードウェア、
Raspberry Pi への ROS2 の実装、ROS2 制御 Raspberry Pi ロボットを説明しました。ROS2 に関
しては、基礎から実際のロボットシステムまでを扱ったことになります。

　ROS2 をシステムに使ったロボットの分野で、ロボットを使う側でも、ロボットを開発する
側でもこの本がお役に立つことを願うばかりです。

# 索引

# ■ 著 者 紹 介 ■

**内木場 文男**（うちこば ふみお）

日本大学理工学部　精密機械工学科　教授

1983 年　早稲田大学理工学部　応用物理学科　卒業

1985 年　電気通信大学大学院　物理工学専攻　修了

1985 年〜 2003 年　TDK 株式会社

1988 年〜 1990 年 マサチューセッツ工科大学　客員研究員

2003 年　日本大学理工学部　精密機械工学科
　　　　　現在に至る

博士（工学）早稲田大学

専門は、ロボットシステム、医療用マイクロロボット、マイクロエネルギーシステム

2018 年〜 2020 年　エレクトロニクス実装学会　副会長

2018 年〜現在　　　日本大学ロボティクスソサエティ【NUROS】代表

IEEE、ロボット学会、電気学会、電子情報通信学会、エレクトロニクス実装学会　正会員

設計技術シリーズ

# ロボットプログラミングROS2の実装・実践
## ―実用ロボットの開発―

2021年7月21日　初版発行

| 著　者 | 内木場 文男 | ©2021 |
|---|---|---|

発行者　　松塚　晃医

発行所　　科学情報出版株式会社
　　　　　〒300-2622　茨城県つくば市要443-14 研究学園
　　　　　電話　029-877-0022
　　　　　http://www.it-book.co.jp/

ISBN 978-4-910558-00-4　C3055